园林景观设计及施工管理研究

王永松 刘哲民 李 炜 ◎著

北京工业大学出版社

图书在版编目（CIP）数据

园林景观设计及施工管理研究 / 王永松，刘哲民，
李炜著 . — 北京 : 北京工业大学出版社 , 2022.5
ISBN 978-7-5639-8358-2

Ⅰ.①园… Ⅱ.①王… ②刘… ③李… Ⅲ.①园林设
计－景观设计－研究②园林－工程施工－施工管理－研究
Ⅳ.①TU986

中国版本图书馆 CIP 数据核字 (2022) 第 090957 号

园林景观设计及施工管理研究
YUANLIN JINGGUAN SHEJI JI SHIGONG GUANLI YANJIU

著　　者：王永松　刘哲民　李　炜
责任编辑：刘　瑶
封面设计：白白古拉其
出版发行：北京工业大学出版社
　　　　　（北京市朝阳区平乐园 100 号　邮编：100124）
　　　　　010-67391722（传真）　bgdcbs@sina.com
经销单位：全国各地新华书店
承印单位：北京四海锦诚印刷技术有限公司
开　　本：787 毫米 ×1092 毫米　　1/16
印　　张：9.5
字　　数：183 千字
版　　次：2023 年 5 月第 1 版
印　　次：2023 年 5 月第 1 次印刷
标准书号：ISBN 978-7-5639-8358-2
定　　价：52.00 元

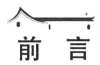

前　言

　　园林景观是由人与环境互动而逐渐产生的被感知到的视觉形态物以及人与环境的相互关系。园林景观设计作为一门综合性的学科，不仅是空间的艺术，更是视觉的艺术。园林景观的设计离不开人的视觉、心理和行为，它们之间是相互作用和相互影响的。人们对世界的最直观理解就是来源于视觉，人们通过眼睛来观察、认识周围的环境和事物，用心感受环境和空间，并且从环境中不断获得指导行为的方法，而环境必须通过人的视觉和心理感知来满足人的行为要求。因此，研究视觉元素对指导园林景观设计具有重大意义。

　　本书结合古今中外园林景观的发展脉络，从园林景观设计的基础理论出发，对园林景观设计的体系进行详细的阐述，后对其施工建设进行专业分析与研究，并对其建设过程中的管理有所建树，最后用与时俱进的独到见解对园林景观设计的发展趋势做了总结。

　　书中参考了大量园林景观设计方面的研究成果，查阅了大量有关视觉元素和园林景观设计的著作。希望从视觉这一人与空间的基本交流方式出发，提醒设计师在园林创作中能重视视觉与空间的内在联系，完善科学的设计方法。也借此书，抛砖引玉，引发大家的进一步探讨和思考，给从事园林景观设计的人员以启发和帮助，也可以为学习景观设计的学生提供具体的理论基础和设计方法。本书难免存疏漏，欢迎广大读者提出建议和意见。

目　录

第一章 园林景观设计概述

第一节 园林景观设计概论

一、园林景观设计的基本含义

园林景观设计与生态地理和规划等多种学科交叉融合，在不同的学科中具有不同的意义。园林规划设计主要服务于城市景观设计（城市广场、商业街、办公环境等）、居住区景观设计、城市公园规划与设计、滨水绿地规划设计、旅游度假区与风景区规划设计等。

园林景观设计要素包括自然景观要素和人工景观要素。其中自然景观要素主要是指自然风景，如大小山丘、古树名木、石头、河流、湖泊、海洋等。人工景观要素主要有文物古迹、文化遗址、园林绿化、艺术小品、商贸集市、建构筑物、广场等。这些景观要素为创造高质量的城市空间环境提供了大量的素材，但是要形成独具特色的城市景观，必须对各种景观要素进行系统组织，并且结合风水使其形成完整和谐的景观体系、有序的空间形态，使得建筑（群）与自然环境产生呼应关系，使其使用更方便、更舒适，提高其整体的艺术价值。景观设计包括会展展览设计、艺术景观设计、空间道具设计和节日气氛设计。

城市里的景观设计无处不在，在城区人们可以看到钢筋水泥的都市景观，在郊区人们可以看到山清水秀的自然景观或是与历史有渊源的文化景观，提供场所给人们进行聚集、互动、联结及参与塑造等社会活动。

从规划角度来说，景观设计的目的通常是为人们提供一个舒适的环境，提高该区域的商业、文化和生态价值，因而在设计中应抓住其关键因素，提出基本思路。景观设计的内容根据出发点的不同有很大区别，城镇总体规划大多是从地理、生态角度出发；中等规模的主题公园设计、街道景观设计常常从规划和园林的角度出发；面积相对较小的城市广场、小区绿地，甚至住宅庭院等又是从详细规划与建筑角度出发；但无疑这些项目都涉及景观因素。通常，在规划及设计过程中景观因素，分为硬景观和软景观。硬景观是指人工设施，通常包括铺装、雕塑、凉棚、座椅、灯光、果皮箱等。软景观是指人工植被、河流等仿自然景观，如喷泉、水池、抗压草皮、修剪过的树木等。举例来说：天津服装街，在改造过程中应着重于重新营造该街及周边地区的商业氛围，按照步行商业街的标准，补充必要的商业辅助设施；针对服装业特点营造适宜的氛围和环境。设计中需要解决的应是人流、休息场所的安排，通过软硬景观营造商业氛围，以及使细节与整体协调一致，以此来达到最初的目的。

二、设计价值

（一）人眼中的景观

1. 景观作为城市的景象

景观作为视觉审美的对象，在空间上与人分离，景观表达了人与自然的关系、人对土地、人对城市的态度，也反映了人的理想和欲望。最早的景观实际上是指城市景象。景观是人对安全和提供庇护的城市的憧憬，而城市本身也正是文明的象征。

人们最早注意到的景观是城市本身，景观的视野随后从城市扩展到乡村，使乡村也成为景观。

2. 景观作为逃避城市的场所

从 19 世纪下半叶开始，外国的一些城市的环境极度恶化。城市文明与高雅的形象被彻底毁坏，反而成为丑陋和恐怖的场所，而自然原野与田园成为逃避的场所。因此，作为审美对象的景观也从欣赏和赞美城市，转向爱护田园。

文明社会关于景观（风景）的态度经过了一个翻天覆地的变化。这一转变的轨迹从逃避恐怖的大自然而向往壮丽的城市，到设计与炫耀理想的城市，并把乡村作为城市的延伸和未来发展的憧憬，进而发展到畏惧城市、背离城市，而把田园与郊野作为避难之所，从而在景观中隐隐地透出人们对自然田园的珍惜与怜爱。

3. 景观作为审美对象的含意及递变

以社会经济形态庄园及封建领主制经济为主的文艺复兴时期，城市经济上升工业化，城市经济主导美的景象。景观营造宅院、宫苑在描绘和再现乡村风景的同时，将自然引入城市（公园和绿地系统）或将城市引入田园（田园城市和田园郊区）。

景观作为视觉美的感知对象，是基于物我分离的基础之上的，即人作为欣赏者。

但同时，人在景观中寄托了个人的或群体的社会和环境理想。陶渊明的桃花源也正是这种意义上的景观，武陵人眼中的桃花源是中国士大夫的社会和环境理想的典型。但桃花源里的人或者说"内在人"眼中的景观则另有一番含义，即将景观作为一个栖居地。

（二）内在人生活体验

1.景观是人与人、人与自然关系在大地上的烙印

每一处景观都是人类居住的家，中国古代山水画把可居性作为画境和意境的最高标准。无论是作画或赏画，都是一种卜居的过程，也是场所概念的深层含义。居的过程实际上是与自然的力量与过程相互作用，以取得和谐的过程。大地上的景观是人类为了生存和生活而对自然的适应、改造和创造。同时，栖居的过程也是建立人与人和谐相处的过程。因此，作为栖居地的景观，是人与人、人与自然关系在大地上的烙印。

2.景观是内在人的生活体验

景观作为人生活的地方，把具体的人与具体的场所联系在一起。景观是由场所构成的，而场所的结构又是通过景观来表达的。与时间和空间概念一样，场所是无所不在的，人离不开场所，场所是人于地球和宇宙中的立足之处，场所使无变为有，使抽象变为具体，使人在冥冥之中有了一个认识和把握外界空间和认识及定位自己的出发点和终点。

三、设计发展

中国城市化呈燎原趋势，人地关系面临空前的紧张状态。同时，全球化进程使中国大地景观面临前所未有的改变。土地乃民族存在之本，已经暴露的认定关系危机、城市建设的诸多弊端和奇缺的景观设计人才，景观设计行业已经到了发展的关键时期。

据许多开发商的经验，住宅开发中设计投资（设计费）和景观绿化投资是边际利润最高的两项投资。其中，景观绿化投资往往可以带来五倍左右的收益。此外，随着个人购房率的上升，环境设计水平将在未来的住宅市场竞争中扮演非常重要的角色。除了住房外观以外，景观品质也日趋受到重视。景观设计是一个涉及多重学科的领域，包括地理、数学、工程学、艺术、园艺学、社会科学、政治、历史、哲学甚至动物学。

第二节　园林景观设计的应用

伴随着经济的不断发展，社会的不断进步，我国城市建设的步伐不断加快。提高城市建设水平，完善城市生活环境，提高城市生活质量，是每一个城市的建设者与规划者正在面临的任务与挑战。

一、城市景观设计中的应用特点

（1）在对城市景观设计时要给生态景观设计以明确的定位，要以城市的公共空间设计为主要目标，以城市的结构为基本着陆点，把生态景观当成城市公共空间系统的重要组成部分。也就是说，生态景观的设计不但要考虑自身的特性，还要把它与城市的景观整体设计结合起来，衡量城市的整体结构状况。首先从城市的整体结构布局为出发，其次结合城市发展的方向来理解生态景观的形成以及未来的演变过程，最后将生态景观设计放到所有环节中去考虑，确保城市的空间布局与结构层次得到不断的发展与完善。此外，要从整体上加以把握，注重细节的设计与整体设计的相互融合，适当在细节上进行规划设计，用特殊的设计风格来吸引最多的市民，也吸引投资，用这种方式来提高城市的生存质量与人民的生活水平。

（2）任何一个城市必然拥有自身的生态系统，在生态景观设计的过程中，要从城市的系统条件方面进行把握，在景观设计相互协调中来体现景观各自的优势和特色，免除生态植物种类单一，结构简单的情况，而且要因地制宜，科学地选择材料，创造出具有优势特色的城市生态景观环境。具体到城市道路两旁的自然景观设计，学会运用不同生物物种的优势特点，做出结构或者形式上的设计，达到回归大自然的效果，不断充实景观设计的意义。

（3）景观区域通常是一个城市景观中比较清新、风光最为优美的区域，要达到能够为城市市民提供景观享受的效果。在对城市景观进行规划设计过程中，要以景观的共享性为原则，反对把临水区域作为圈地专用。这样一来，全体城市市民都能够感受到自然气息，体会到大自然带来的清新。只有这样才能实现景观设计的意义，才能保证城市的精神风貌更加完美。

（4）景观设计归根结底是为人服务的设计，在对景观设计的过程中要从市民的心理特点与生活习惯出发，任何一项景观的设计都要符合人们的需求，满足人们的需要，把城市人们的心理或者生活中的特点放入景观设计中去研究，只有这样才能为城市景观设计增添更加真实的体验；相反，如果将城市人们的需求搁置一旁，就会使城市的景观设计毫无意义，景观成为一种摆设，无法发挥景观对人的作用，无法满足现代人对于城市景观的需求，不符合城市生活环境的良性循环。所以，在城市景观的设计与建造方面，要以人为本，全面解读与分析不同层次的市民的心理特征，根据他们的心理需求来满足不同市民群体的生活需要。

（5）城市的景观设计是一项综合学科，并非单一人群能够决定的，而且评价一个项目能否成功的关键是要全面衡量这个项目能否建立在保护生态平衡的基础上，能否从现实出发来对城市的地域景观进行规划设计，是否能够改善城市的精神面貌，使市民来到这个景观面前就能够立刻感受到大自然赋予人类的美好，产生一种地理空间的归属感。

二、城市景观的设计方法

（1）体现地域特色，开发并保护本土生态资源。城市景观的设计要注重本土性，要充分运用当地的自然物种材料。与此同时也要加强生态物种之间的协调，尊重生态景观区域的自然规律。从经济发展、社会进步与生态等诸多方面进行协调，达到自然与人文的协调统一，保护生态系统的完整性，确保景观的生态健康、持续发展。

（2）创造多维的景观空间，拓宽市民的活动范围。城市景观区域是市民娱乐活动最为频繁的区域，在对景观设计时要根据不同的区域地理空间的规模，尽全力创造出更多的市民能自由活动的空间。例如，在生态园林中增设座椅和人工长廊，形成林荫步道，让市民在移步易景间感受一个城市的自然风光，在一些滨水区域设置健身活动区等，实现市民亲水的目的，用这种方式来实现人与自然的融合，营造出和谐共生的城市空间景观。

（3）开发城市景观中的人文资源。城市的生态景观大大丰富了城市的文化意义，在展示城市景观特色与塑造生态形象方面都发挥着不可替代的重要作用。在对景观进行规划设计的过程中，要从城市的区域文化背景进行全面把握，凸显出城市的整体文化特色，维护城市长远发展。根据区域景观的特殊性进行创新的设计，以此衬托区域景观特色，来展示特色的景观效果，丰富城市的形象，例如，澳大利亚悉尼的临近海湾在设计时，就出现了两种意见的分歧：一方面认为要对这片土地进行重新设计运作；另一方面认为要保持地域原有的人文文化氛围，在这个基础上进行修饰与维护，经过激烈的争论，最后得出的结论是要维护本地的文化遗产，更加注重对文化意义的维护，把延续城市的历史文化放在首要位置，在这个基础上加强对城市经济的保护，生态景观中注入文化内涵，为城市的旅游业发展带来了新的契机，使城市的传统文化代代传承。

（4）一个城市的景观设计与改造，要以当地的经济发展、景观环境的完善为重要目标，一方面要建设城市的自然风光，改善城市的生存环境；另一方面也要吸引投资者的目光，推动当地商业的发展，拉动经济的增长，在景观附近增设购物广场、旅游景点等诸多商业项目，推动城市的良性发展。

第三节 园林景观设计的形式与功能

景观设计是一个综合的设计过程，它是在一定的经济条件下实现的，必须满足社会应有的功能，也要符合自然的规律，遵循生态原则，同时还属于艺术的范畴，缺少了其中任何一方，设计就存在缺陷。创造景观本身也有功能义务，除了悦目以外，景观必须具有场所精神，必须让人感到舒适，要提供最起码的树荫、座椅、散步路等功能，还要根据自身的性质，进一步提供如慢跑径、水池及游泳池、运动场地和设施等内容。

一、形式的定义

园林景观从某种意义上来说也是一种艺术，不过它的范围更广，包括天然景观和人造园林景观。统一它的形式与功能，将人造园林景观当作一种艺术来研究也很有必要。要使景观的形式和功能达到统一，先从艺术的美学角度来研究形式与功能的关系，毕竟形式美也是我们造园的艺术追求。

（一）形式与艺术

艺术形式与艺术内容并举，指的是艺术作品内部的组织构造和外在的表现形态以及种种艺术手段的总和。艺术形式包括两个层次：一是内形式，即内容的内部结构和联系；二是外形式，即由艺术形象所借以传达的物质手段所构成的外在形态。在任何艺术作品中，内形式与外形式是结合在一起的，只有通过一定的艺术形式，艺术作品的内容才能够得到表现。艺术形式是为艺术内容服务的。艺术内容离不开艺术形式，同时艺术形式也离不开艺术内容。没有无形式的内容，也没有无内容的形式。一般来说，艺术内容决定艺术形式，艺术形式表现艺术内容，并随着艺术内容的发展而发展。但艺术形式可以反作用于艺术内容，既可以有助于艺术内容的完美展示，也可以阻碍艺术内容的充分表现，影响艺术社会功能的有效发挥。艺术形式还具有相对的独立性，例如同样的内容在某种情况下可以采取不同的艺术形式去表现，艺术形式在艺术发展中有继承性等。衡量一部艺术作品的艺术成就，不仅要看内容，而且要看其形式是否完满地表现了内容。艺术形式是不断发展变化的。在景观设计中要根据艺术内容发展变化的需要，批判地继承改造旧的艺术形式，创立与新的艺术内容相适应的新形式，从而创造出具有鲜明时代精神和富于形式美的优秀艺术作品。

（二）形式美的概念

形式美是指自然、生活、艺术中各种形式因素（色彩、线条、形体、声音）及其有规律的组合所具有的美。形式美的根源是生活实践，因为形式美的法则是人们在长期审美实践中对现实中许多美的事物的形式特征的概括和总结。人们之所以认为这样的形式是美的，是因为它是体现美的事物的形式。之所以这样的形式是美的，是因为它是内在美的外部形式。后来受人的条件反射心理的影响，只要见到这种美的形式特征，就会产生美感，而不必去考虑形式中包含的内在本质。形式美体现了人的自由创造的事物的外部形式，是人们对在实践活动中创造的美的事物的外部特征的高度概括和自觉运用的结果。所以说形式美的根源是生活实践。

二、景观的功能

关于景观的功能，目前未有准确的定义，有的人认为景观就是组成生态系统间的能量、物质和物种的流动。也就是说，景观实际包括了生产功能、生态功能以及美学功能。以下内容主要从美学角度对景观的功能和形式的统一性进行探讨。

在城市景观设计中，设计的对象必须有恰当的功能与合理的经济性，但也必须使人看到时愉快，在运用现代技术解决功能问题时应与美融合在一起。要辩证地处理功能与形式的关系，功能因素总是不可或缺的。

城市景观的功用性既涉及个体生活上的种种要求，更涉及社会群体的诸多需要，从本质上说，城市景观的这种功能性是社会群体的功能性。因此，城市景观具有深刻的社会内涵。城市景观环境的设置必须满足人们的社会需要，否则就会产生问题。

城市中许多文化设施，其物质载体是可以看成建筑的，作为建筑融进整座城市的硬质景观，但它的精神层面却是在打造这座城市最为重要的文化灵魂。除了宗教外，如承载这座城市历史文化和艺术珍品的博物馆、艺术馆，还有传承人类文化知识的各类学校，它们在体现城市的文化品位上都有着极为重要的作用。法国巴黎的罗浮宫，这座昔日的皇宫今日的艺术馆，以其陈列、保管着人类最有价值的艺术珍品而享誉世界。巴黎的辉煌在很大程度上得益于这座建筑。

三、景观设计的形式美与功能性统一的表现

（一）中国古典园林之美

园林建筑物常作景点处理，既是景观，又可以用来观景。因此，除去使用功能，还有美学方面的要求。楼台亭阁，轩馆斋榭，经过建筑师巧妙的构思，运用设计手法和技术处理，把功能、结构、艺术统一于一体，成为古朴典雅的建筑艺术品。它的魅力，来自体量、外形、色彩、质感等因素，加之室内布置陈设的古色古香，外部环境的和谐统一，更加强了建筑美的艺术效果。

（二）现代园林景观之美

现代园林景观设计中，园林景观的艺术形象是在其各种构成要素和空间之中，具有自身的形式美法则。不同构成要素融合所构成的园林环境、形式等都具有不同的艺术形象，并且具有不同的意境。形式的变化、材料的对比和形象特征都使园林景观空间的艺术形象更加和谐统一，在人的情感世界中产生审美情趣。这意味着每个人都具有物质和精神的双重需要，任何一件设计作品都是功能实施和审美鉴赏的结合体，对其空间造景现状的审美特性加以分析，并在其中作深层的、积极的探索。

（三）对比的表现形式

园林构图的统一变化，常具体表现在对比与调和、韵律、主从与重点、联系与分隔等方面。

1.对比与调和

对比、调和是艺术构图的一个重要手法，它运用在布局中的某一因素（如体量、色彩等）中，两种程度不同的差异，取得不同艺术效果的表现形式，或者说是利用人的错觉来互相衬托的表现手法，差异程度大的表现称为对比，能彼此对照，互相衬托，更加鲜明地突出各自的特点。差异程度较小的表现称为调和，使彼此和谐，互相联系，产生完整的效果。园林景色要在对比中求调和，在调和中求对比，使景观既丰富多彩、生动活泼，又突出主题，风格协调。对比的手法有形象的对比、体量的对比、方向的对比、开闭的对比、明暗的对比、虚实的对比、色彩的对比、质感的对比。

2.韵律节奏

韵律节奏就是在艺术表现中某一因素作有规律的重复，有组织的变化。重复是获得韵律的必要条件，只有简单的重复而缺乏有规律的变化，就令人感到单调、枯燥。园林绿地构图的韵律节奏方法有很多，常见的有简单韵律、交替韵律、渐变韵律、起伏曲折韵律、拟态韵律、交错韵律。

3.主从与重点

（1）主与从

园林布局中的主要部分是主体与从属体，一般都是由功能使用要求决定的，从平面布局上看，主要部分常成为全园的主要布局中心，次要部分成为次要布局中心，次要布局中心既有相对独立性，又要有从属主要布局中心，要能互相联系、互相呼应。主从关系的处理方法：

①组织轴线：主体位于主要轴线上；②安排位置：主体位于中心位置或最突出的位置，从而分清主从关系。

（2）重点与一般

重点处理常用于园林景物的主体，以使其更加突出。重点处理不能过多，以免流于烦琐，反而不能突出重点。常用的处理方法：以重点处理来突出表现园林功能和艺术内容的重要部分，使形式更能表达内容。如主要入口的广场的形式选择，重要的景观、道路和广场的形式选择，一般采用基本形或基本行的组合，这些都需要精心设计。以重点处理来突出园林布局中的关键部分，如主要道路交叉转折处和结束部分等，这些部分的形式也是非常讲究的，我们可以作为关键的节点来处理。以重点处理打破单调，加强变化或取得一定的装饰效果，如在大片草地、水面部分，在边缘或地形曲折起伏处做重点形式变化，以达到协调。

4.联系与分隔

园林绿地都是由若干不同的使用要求空间或者局部组成，它们之间存在必要的联系与分隔。园林布局中的联系与分隔是组织不同材料、局部、体形、空间，使它们成为一个完美的整体的手段，也是园林布局中取得统一与变化的手段之一。

综上所述，景观设计中形式与功能是一个统一的整体，形式在设计中是有机的，它由最基本的形式单元出发，结合不同的功能需求，有创造性地组合千变万化的形式，从而既满足景观功能的要求，也给人们以视觉的审美体验。

第二章 园林景观设计的布局

第一节 现代园林景观设计的依据与原则

同所有的艺术设计学科一样，现代园林景观设计也有自己的设计依据及原则，供园林景观设计者们学习和思考。

一、现代园林景观设计的依据

现代园林景观设计的目的不仅是使园林风景如画，还应该遵循人的感受，创造出环境舒适、健康文明的游憩境域。园林景观设计不仅要满足人类精神文明的需要，还要满足人类物质文明的需要。园林是反映社会艺术形态的空间艺术，园林要满足人们的精神文明的需要；园林又是现实生活的实境，所以还要满足人们娱乐、游憩等物质文明的需要。

园林景观设计需要遵循自己的依据，只有这样才能从立体的全方位的角度进行园林艺术创作。

（一）遵循科学依据

在任何园林艺术创作的过程中，要依据有关工程项目的科学原理和技术要求进行。例如，在园林设计中，要结合原地形进行园林的地形和水体规划。设计者必须详细了解该地的水文、地质、地貌、地下水位、土壤状况等资料。如果没有翔实资料，务必补充勘察后的有关资料。可靠的科学依据为地形改造、水体设计等提供了物质基础，为避免产生塌方、漏水等事故提供了保障。此外，种植花草、树木等要依据植物的生长要求，根据不同植物的喜阳、耐阴、耐旱、怕涝等不同的生态习性进行配置。违反植物生长的科学规律将导致种植设计的失败。

植物是园林要素的重要组成部分，而且作为唯一具有生命力特征的园林要素，能使园林空间体现生命的活力，富于四时的变化。植物景观设计是 20 世纪 70 年代后期有关专家和决策部门针对当时城市园林建设中建筑物、假山、喷泉等非生态体类的硬质景观较多的现象再次提出的生态园林建设方向，即要以植物材料为主体进行园林景观建设，运用乔木、灌木、藤本植物以及草本等素材，通过艺术手法，结合考虑各种生态因子的作用，充分发挥植物本身的形体、线条、色彩等自然美，创造出与周围环境相适宜、相协调并表达一定意境或具有一定功能的艺术空间，供人们观赏。

园林建筑、园林工程设施也需要遵循科学的规范要求。园林设计关系到科学技术方面的很多问题，有水利、土方工程技术方面的，有建筑科学技术方面的，有园林植物方面的，甚至还有动物方面的生物科学问题。因此，园林设计首先要有科学依据。

（二）根据社会需要

园林属于上层建筑范畴，它要反映社会的意识形态，满足广大群众的精神与物质文明建设的需要。现代园林是改善城市四项基本职能中游憩职能的基地。因此，现代园林景观设计者要体察广大人民群众的心态，面向大众，面向人民，了解他们对公园开展活动的要求，创造出能满足不同年龄、不同兴趣爱好、不同文化层次游人的需要。

（三）根据功能要求

园林景观设计者要根据广大群众的审美要求、活动规律、功能要求等方面的内容，创造出景色优美、环境卫生、情趣健康、舒适方便的园林空间，满足人们精神方面的需求，满足游人的游览、休息和开展健身娱乐活动的功能要求。园林空间应当具有诗情画意，处处茂林修竹、绿草如茵、山清水秀，令人流连忘返。不同的功能分区要选用不同的设计手法。例如，儿童活动区就要求交通便捷，靠近出入口，并结合儿童的心理特点设计出颜色鲜艳、空间开阔、充满活力的景观气氛。

（四）根据经济条件

经济条件是园林设计的重要依据。同样一处园林绿地，甚至同样一个设计方案，采用不同的建筑材料、不同的施工标准，将会有不同的建园投资。当然，设计者应当在有效的投资条件下发挥最佳设计技能，节省开支，创造出最理想的作品。一项优秀的园林作品，必须做到科学性、艺术性和经济条件、社会需要紧密结合，相互协调，全面运筹，争取达到最佳的社会效益、环境效益和经济效益。

二、现代园林景观设计的原则

园林景观设计对城市及人居生态环境的改善有着举足轻重的作用，但目前还存在一些弊端，有的研究者和设计者只局限于其科学性和艺术性的方面进行研究和设计，忽视了正确、全面的思想准则。因此，在进行园林景观设计的过程中，有必要寻求正确、全面的思想准则，以便规划园林景观设计的尺度。

（一）遵循科学性与艺术性结合的原则

园林景观设计要遵循科学性与艺术性完美结合的原则，中国古典园林是科学与艺术完美结合的典范，外国园林中修葺整齐的树木和排列整齐的喷泉也体现了科学与艺术完美的结合。明代造园家对中国园林的境界作出评价时提道："虽由人作，宛自天开。"在中国古典园林景观设计中强调的"天人合一"就是强调园林景观的综合性。中国人对景观的欣赏不单从视觉考虑，还要求赏心悦目，要求园林意味深长。可见，无论是城市环境还是园林景观都要强调科学与艺术结合的综合性的功能。

（二）遵循以人为本原则

现代园林景观设计应遵循以人为本的原则。人类对于美好生活环境的追求，是园林景观设计专业存在的重要原因。社会的发展非常重视对人的尊重，园林设计者提出"以人为本"的设计原则。园林景观的营造是着力于人的行为与心理需要，注意到人的健康需求，引入遵从自然的生态设计理念，努力创造良好的人居环境。

现代园林景观已经不只是公共场所，已经涉及人类生活的方方面面，虽然园林景观的设计目的不同，但园林景观设计最终关系到为人类创造室外场所，为普通人提供实用、舒适、精良的设计是景观设计师追求的境界。

（三）遵循生态原则

园林景观设计应遵循生态原则。随着人们环境保护意识的增强，对园林景观的要求开始逐步向生态方向发展。在园林景观设计中，追求生态目标也与构建生态型社会的目标一致，因而遵循生态原则成为园林景观设计的原则之一。

园林景观设计是对户外空间的生态设计，但从根本上说应该是人类生态系统的设计。因此，再生、节能等理念成为构建生态型园林景观的必备要素，以实现生态环境与人类社会的利益平衡和互利共生。片面追求传统的视觉效果或对资源进行掠夺式开发显然不符合如今对园林景观设计生态原则的要求。追求资源的循环利用，推行生态设计，达到人与自然的和谐共生，才是如今实现生态环境与人类社会互利共生的必备之路。遵循生态原则在园林景观设计的过程中贯彻低碳、环保概念，减少高碳能源的消耗，从而达到经济社会发展与生态环境保护的和谐发展。追求生态保护，注重生态恢复，并应用于实践，是园林景观设计的原则，也是园林景观设计者们的职业精神。

（四）遵循经济原则

园林景观设计应遵循经济原则。建设集约型社会的重点就在于如何在投资少的情况下做更多的事情，就是我们常常说的"事半功倍"，这也是园林景观设计需要遵循的经济原则。

经济原则的实施，可以从园林布局、材料的使用、园林景观的管理三方面掌握。从园林布局方面看，应充分利用地形，有效划分和组织园林景观的区域，因地制宜，利用地形的基础设计组成园林景观的因素。在设计的过程中，应尽可能地利用原有的自然地形，对土地进行设计，从而减少经费并具有设计的美感。澳大利亚珀斯克莱蒙特镇沿河道路重建项目，因为是重建，按照原有的布局及设备进行合理的改造和修整，既实现了如今的设计感，又达到了项目的经济合理性目的。项目通过有效地区分园地并充分地使用园地面积，从而达到经济的要求。从材料的使用方面看，节省材料、多种植物是遵循经济原则的主要办法。从另一个角度看，造园材料的优良并不取决于材料的名贵，而取决于材料是否适合于整个造园活动，并且能够恰当地体现园林的优美与富有情趣。只要设计恰当，使用物美价廉的材料更能体现园林景观的美。当然，在此过程中不能盲目追求价格低廉，材料的质量是需要考虑的首要问题。

（五）遵循美观原则

园林景观设计应遵循美观原则。有学者认为，美学对人类审美发展提出过这样的理论：人类与自然界建立了从功利的关系到审美的关系。功利主要是对广大人群和社会有益的功利，有益处的就会引起人们的好感。欣赏青山绿水和花草树木的美，是人类精神生活的需要。

第二节　现代园林景观布局的形式与原则

一、现代园林景观布局的形式

园林景观布局的形式，一般可归纳为规则式、自然式和混合式三大类。

（一）规则式园林

规则式园林又称几何式园林，其特点是平面布局、立体造型，园中的各元素，如广场、建筑、水面等严格对称。

13

规则式园林有以下特征：

1. 地形地貌

平原地区的园林多以不同标高的水平面或较缓倾斜的平面组成，丘陵地区多以阶梯式的水平台地或石阶组成。

2. 水体

水体外形轮廓多采用整齐驳岸的几何形，园林水景的类型多以规整的水池、壁泉或喷泉组成。

3. 建筑

无论个体建筑还是大规模的建筑群，园林中的建筑多采用对称的设计，以主要建筑群和次要建筑群形式的主轴和副轴控制全园。

4. 道路广场

园林中的道路和广场均为几何形。广场大多位于建筑群的前方或将其包围，道路均以直线或折线组成的方格为主。

5. 植物

植物布置均采用图案式为主题的模纹花坛和花丛花坛为主，树木配置以行列式和对称式为主，并运用大量的绿篱、绿墙以区划和组织空间。树木整理修剪以模拟建筑体形和动物形态为主。

（二）自然式园林

自然式园林又称山水式园林，与规则式园林的对称、规整不同，自然式园林主要以模仿再现自然为主，不追求对称的平面布局，园内的立体造型及园林要素布置均较自然和自由。我国古典园林多以自然式园林为主，无论大型的帝王苑囿和小型的私家园林。我国自然式山水园林，从唐代开始影响日本的园林，从18世纪后半期传入英国，从而引起欧洲园林对古典形式主义的革新运动。

自然式园林有以下特征：

1. 地形地貌

平原地带地形自然起伏，多利用自然地貌进行改造，将原有破碎的地形加以人工修整，使其自然。

2. 水体

水体轮廓较为自然，岸通常为自然的斜坡，园林水景的类型以湖泊、瀑布、河流为主。

3. 建筑

不管是个体建筑还是建筑群，均采用不对称的布局，以主要导游线构成的连续构图控制全园。

4.道路广场

园林中的空旷地和广场的轮廓为自然形的封闭性的空旷草地和广场，以不对称的建筑群、土山、自然式的树丛和林带包围。道路平面和剖面为自然起伏曲折的平面线和竖曲线组成。

5.植物

自然式园林中的植物也多呈自然状态，花卉多为花丛，树木多以孤立树、树丛、树林为主，不用规则修剪的绿篱，以自然的树丛、树群、树带来区划和组织园林空间。

（三）混合式园林

混合式园林是指规则式、自然式交错组合，全园既没有对称布局，又没有明显的自然山水骨架，不能形成自然格局。一般多结合地形，在原地形平坦处，根据总体规划安排规则式的布局。若原地形条件较复杂，具备起伏不平的丘陵、山谷、洼地等，则结合地形规划成自然式。类似上述两种不同形式规划的组合即为混合式园林。广州起义烈士陵园就是典型的混合式园林。

在现代园林景观中，规则式与自然式比例差不多的园林可称为混合式园林。在园林规划时，原有地形平坦的可规划成规则式，原有地形起伏不平，丘陵、水面多的可规划成自然式，树木少的可规划成规则式，大面积园林以自然式为宜，小面积以规则式较经济。四周环境为规则式宜规划成规则式，四周环境为自然式宜规划成自然式。林荫道、建筑广场的街心花园等以规则式为宜。居民区、大型建筑物前的绿地以混合式为宜。

二、现代园林景观布局的原则

园林将一个个不同的景观元素有机组合成为一个完美的整体，这个有机统一的过程称为园林布局。如何把景观有机地组合起来，成为一个符合人们审美需求的园林，需要遵循一定的原则。

（一）注意园林布局的综合性与统一性

现代园林景观的形式由园林的内容决定，园林的功能是为人们创造一个优美的休息娱乐场所，同时在改善生态环境方面起着重要的作用，然而如果只从单方面考虑，而不是从经济、艺术、功能三方面考虑的话，园林的功能很难得到体现。只有把园林的环境保护、文化娱乐等功能与园林的经济要求及艺术要求作为一个整体加以解决，才能实现创作者的最终目标。

除此之外，园林的构成要素也需要具有统一性。园林的构成要素包括地形、地貌、

第二章 园林景观设计的布局

水体及动植物景观等，各元素缺一不可，只有将各个元素统一起来，才能实现园林景观布局的合理性和功能性。园林景观的构成要素也必须有张有合，富于变化。

（二）因地制宜，巧于因借

园林布局除了从内容出发，还要结合当地的自然条件。我国明代著名的造园家计成在《园冶》中提出"园林巧于因借"的观点，他在《园冶》中指出，因者：随基势之高下，体形之端正，"因"就是因势，借者：园虽别内外，得景则无拘远近。园地惟山林最胜，有高有凹，有曲有深，有峻而悬，有平而坦，自成天然之趣，不烦人事之工。入凹疏源，就低凿水。高方欲就亭台，低凹可开池沼。这种观点实际就是充分利用当地自然条件，因地制宜的最好阐释。

（三）主题鲜明，主景突出

任何园林都有固定的主题，主题通过内容表现。在整个园林布局中，要做到主景突出，其他景观（配景）必须服从主景的安排，同时又要对主景起到"烘云托月"的作用。配景的存在能够"相得而益彰"时，才能对构图有积极意义。

第三节 现代园林景观布局技术的美学特征

技术条件为表现美学特征提供可能性，同时对于现代景观设计美学特征的表现在很大程度上反映当时相关的景观技术条件。这是现代景观设计的技术条件与美学特征的辩证关系的现实性表现。

一、现代园林景观布局的技术条件与美学特征

（一）技术条件表现美学特征

在现代景观设计中，技术条件不会完全取代设计师、艺术家和人民群众的艺术创作。但是，目前技术条件随着时代进步的步伐飞速发展，在极大地改变着人类的生产、生活方式的同时，重塑乃至创造着人类的历史文化形态。在现代景观设计中，当今的技术条件为设计者实现景观的美学特征表达提供了无数的可能性。技术条件本身并没有生命力和创造力，在现代景观设计的艺术创作实践中，它应与景观的美学特征表现完美结合了。

以"世界上最大的绿色屋顶"美国的加州科学馆为例，加州科学馆新馆由意大利著名建筑设计师伦佐·皮亚诺设计完成。建设目标是"探索、解释并保护自然界"。作

为旧金山首座可持续性建筑项目之一，科学馆中心广场的设计概念是将周边的自然景观分三层设置，使之错落有致，一部分采用玻璃屋顶，营造出舒适的小气候。引人入胜的馆内布置，透过通透、清晰的玻璃墙一览无遗，尤其是最为凸显的两个球状建筑物，即人造雨林和天文馆。科学馆的中央大厅通过自动百叶窗来调节光线，整体空间十分敞亮。通过落地玻璃幕墙的技术应用，馆内90%的办公空间都可以采用自然光照明，极大地减少了电力照明的能源消耗，同时又做到了室内外景观的相互兼顾。

加州科学馆的建筑结构非常巧妙，如屋顶的钢柱相当细，同时必须通过钢绳的张力来加固，这样，科学馆内部能够尽可能不受建筑结构的干扰。假如有地震发生，这个结构能使整个建筑随着震动摇摆，就像一艘船在海上安然度过暴风雨的袭击。同时，可持续性设计不仅表现在建筑采暖和制冷的节能方面，还包括建材的选择、空间的布局、水资源的循环有效利用。为使技术与自然完美地结合，绿色屋顶的设计融合了诸多可持续性设计元素。此外，屋顶还可提供可持续性能源，即沿着屋顶边缘设置的光伏电池有效地利用太阳能为科学馆提供能源支持。

加州科学馆是作为通过先进的技术手段表现以自然为主题的现代景观设计美学特征的典范，加州科学馆是旧金山首批可持续性建筑之一，也是迄今为止我们熟知的世界上最富可持续性设计的博物馆建筑。

（二）美学特征反映技术条件

现代景观设计的美学特征表现需要强大的技术条件做支撑，才能帮助其得以实现。与景观的美学特征表达相同，技术条件也具有鲜明的时代特征，并且对于时间和空间的感知更加直接与敏锐。

以南京证大喜马拉雅中心一期景观设计为例，营造超脱都市喧嚣的高山流水的山水之城的美学意境，并使之贯穿于整个景观环境空间是喜马拉雅中心景观设计的美学特征所在。AB地块作为概念形象的起源，其内涵表现以高山天池为依托。随后潺潺的溪流（CD地块）蜿蜒穿过田园村落，最终化喧嚣为平静，回归到竹林光塔中来（EF地块）。美学的概念主线贯穿于三个阶段的项目中，三个不同的审美层次在这幅现代都市的山水画卷中依次展开。一注清澈心扉的趣意之泉，将成为都市人文沙漠中的心灵绿洲。

"高密度城市"成了现代城市发展历程中的标志性特征。当今时代，绿色生态的概念被重新定义，并超越了技术本身的束缚。回归自然人文主义的传统，创造后现代背景下的中国城市的"高密度自然之城"，既抒发了自然寄情于山水之间的人文情感，又将未来的高密度城市的自然特性融入现代社会的大众生活中。

该景观空间中的美学意境表达主要体现在以下几个方面：用回归自然的手法书写中国传统山水画卷中高山流水的诗意情怀，其形象为清澈圣洁的天池之水从天而降洗涤世人的尘俗之心；建筑表面象征着富有自然神韵的秀丽仙山；蜿蜒溪水门前流过，彰显江南福地温婉绵长之神韵；庭院深处竹影婆娑，身处其中宛如画中神游。

从一期工程开始，园中引入一片茂密的竹林，点缀草坡和水景与竹林相配，打造充满意境的景观步道空间。竹林围合形成庭园空间，从建筑高处的酒店和公寓往下看，一片翠绿映入眼帘，给人以身处自然之感。位于园区外围的林荫大道，绿树成荫，尺度宜人，吸引行人步入山川深处。清幽林作为园区景观的入口，给人静宜清凉的切身感受。上至园区二层，云石变换，动中有静。穿过清幽林，一片广阔的湖水扑面而来，时而波澜壮阔，时而静无声息。天井还原是二层的主要景观空间，畅游于此犹如身处空中庭园。酒店入口处的瀑布是整个园区的中心景观，视听效果强烈。下至一层，起伏的地势与自然形态的植物交相辉映，气氛优雅舒适。回到山下之时是酒店的内部庭院，回归自然的整体氛围与外部景观相呼应。

本景观项目的突出技术难点在于不同形式、不同高度的特色庭园的覆土和种植技术。如何实现植物种植与整体山水环境的融合，烘托高山流水的主题气氛，是设计师依托技术手段打造审美意境的核心所在。首先，塔楼建筑屋顶由于覆土、气候、风力等各种不利因素的限制，对于屋顶植物的选择也有很大的影响。所以，在屋顶种植的植物品种必须抗性强，能抵御各种不利的环境因素，黑松就是个不错的选择。黑松造型奇特优美，生长缓慢，寿命长，且抗干旱、抗风能力强，并且能抵御不良的环境因素。下木也选择一些易于成活、可以粗放管理的植物品种，如佛甲草、瓜子黄杨、麦冬、吉祥草、自花三叶草、中华景天以及八宝景天等。其次，空中庭院由于建筑结构原因，分为高、中、低不同的三种类型。低层庭园空间主景乔木选用造型五针松。五针松为松科常绿针叶乔木，其植株较矮，生长缓慢，寿命长，姿态高雅，树形优美。五针松喜欢温暖湿润的环境，栽植土壤要求排水透气性好。下木适宜搭配结香、金边大叶黄杨等灌木，形成完美的观赏组团。中高层庭园宜选用黑松，其幼树树皮暗灰色，老则灰黑色、粗厚，枝条开展，树冠宽圆呈锥状或伞形，具有极佳的观赏性特点。可常年陈放在庭院阳台上的光照充足、空气流动之处。但在盛夏时节，不宜强光暴晒，冬季在向阳背风的环境下可露地越冬。下木适宜选种佛甲草、金边大叶黄杨、麦冬等灌木。在背阴、温暖潮湿的地方也可以局部种植点缀性的小部分苔藓。

最后，室内中庭的植物设计主要以耐阴的低矮草本为主，蕨类植物应是首选。它们有着特殊的柔美的姿态和叶形，可以创造出不同的景观效果。

二、现代园林景观布局的美学特征表现类型

人的创造力、艺术和科学技术在不断进步，这些都为表现景观美学特征提供了无数种可能性。现代景观设计美学特征的表现类型有两种：美学主导型和技术主导型。

1. 美学主导型

在以美学为主导的现代景观设计美学特征的表现中，美学层面的颜色、造型、构成以及环境气氛的营造等方面是主要的表现对象，技术手段起到辅助性作用，两者相互补充共同表现景观空间的美学特征。

2. 技术主导型

在以技术为主导的现代景观设计美学特征的表现中，环境空间中的某些缺陷或者设计者对某种空间效果的追求需要较为强烈的技术表现手法来实现。设计师通过技术手段实现预期效果的同时，遵循美学原则和美学表达方式，使作品达到使用与美观相互结合的综合性美学效果，从而表达现代景观设计美学特征的个性特点，并且在该类型的设计作品中，技术手段和使用者之间往往带有一定的互动性。

三、现代园林景观布局美学特征表现方法

不同的景观设计师创造了不同的美学特征的表现理论与方法，他们相聚在一起，共同开创了现代景观设计的五彩世界。其表现类型相对应，主要涵盖的指导原则为因地制宜的适用性原则。

在现代景观设计美学特征表现中，因地制宜的适用性原则包含美学特征的整体性、异质性、延续性和尺度观念等主要内容。设计者在充分研究场地及其周边环境和历史人文背景的情况下，通过相应的现代景观技术手段与其审美经验相结合，营造既最大化满足使用者功能需求又遵循审美价值规律的现代景观美学空间。

（1）在整体性方面。现代景观设计是一系列涉及生态系统、技术条件、审美表现和心理研究等层面的完整的系统工程，美学特征的表现贯穿在整个景观空间的有机体中，体现整体性的特点是现代景观设计美学特征的基本属性。

（2）根据不同地域的景观环境要素、技术处理手法和社会经济文化水平，现代景观设计的美学特征呈现出异质性特点，它包括空间的美学组成方式、景观形态的美学表达等相关内容。景观环境空间的异质性程度越高，其构成要素的不确定性特征越明显，也正是因此，不同的美学特征之间得以实现交流与融合。

（3）现代景观设计的美学特征表现了一个时代的文化、艺术成就和科学技术水平，其本身在不断继承前人成果的基础上具有较强的延续性，并且呈现出继往开来的发展趋势。

（4）在现代景观设计美学特征中，尺度的观念体现其在时间和空间两个维度上的规律性、对应性的客体特征。同时，尺度性特征愈发明显时，景观环境的异质性特征越明显，并且其美学特征与周围环境表现出更加稳定的协调性。

以萨伏伊别墅的景观美学特征为例，位于巴黎近郊的萨伏伊别墅（1928年）作为纯粹主义的杰出作品，是瑞士著名的建筑大师、城市规划家和作家柯布西耶最具代表性的建筑设计作品。柯布西耶惊世骇俗地提出了"建筑是居住的机器""风格即谎言"

等设计观念，对 20 世纪的现代建筑与景观设计产生了极其深远的影响。萨伏伊别墅吹响了现代主义建筑与景观设计的号角，而且它对现代景观设计提供了更具颠覆性、更为深刻的重要启示。

第三章 园林景观设计的视觉元素

第一节 园林景观中的视觉吸引元素

景观空间的生理、心理层面的视觉感受是对景观空间尺度和距离要素、实体景物要素、色彩要素及综合要素的综合感受。不同类型的景观空间的视觉感受可以用其中一个或几个元素来解析。

一、空间尺度和距离要素的景观空间视觉吸引

在景观空间中，视线可以根据人眼被空间中的位置、边界等所吸引而自由地变换移动。景观空间尺度大小对人们的注意力有非常大的影响。"空间限定"是指风景空间中诸要素对观赏者围合程度的特性，它主要受观赏者所在空间范围内的空间垂直因素的影响。空间限定有两个特征：开敞和闭合。开敞的空间就是开阔的、平坦的、表面质地简洁统一的场面，大尺度空间里通过不同围合手法的处理，可以营造出不同的空间，其空间尺度越大，吸引人视觉的要素就越多，注意力越容易分散。闭合的空间是由天穹、外部空间的垂直物，如山体、林木和水平展开的不同对比性质地所限定的围合的场面。小尺度的空间可以有效地减少周边的噪声和避免游人因过多要素的视觉吸引而产生注意力的分散，创造出围合感。

另一方面，人是通过双眼的视夹角大小来判断空间尺度的。景观具有较强的空间感，不同尺度的景观能带给人不同的心理感受，20~25m 的空间让人们的感觉比较亲近，人们的交往是一种朋友的关系，大家可以自由交流，是微观尺度；25~110m 为中等尺度，它会让观赏者产生开阔的感觉，超过 110m 之后才能有广阔的感觉，这是形成景观场所感的尺度；超过 390m 就可以创造一种很深远、宏伟的感觉，形成景观领域感。由于人眼的生物特性，空间尺度越大，视觉就会出现衰变现象，不能看清景观的细节部分，但大尺度景观场景的宏伟性能对人的心理产生强烈的心理震撼和冲击。河南省洛阳市龙门石窟风景区，站在伊河对岸眺望佛窟一览无余，尺度场所感为 110 ~ 390m，视觉会被壮观的佛像群所吸引，并会驻足久观，甚至重游；云南大理园为中等尺度景观

25～110m，人眼捕捉到该景观空间中的远山、植物和标识牌等物体以及 S 形园路，延伸的道路趋向强化了景观空间的视觉景深感；云南大理风花雪月宾馆外窗景，其小尺度 20～25m 见方的景观空间，通过框景的手法将人的视觉注意力聚焦到景观的细节设计上来。

二、实体景物要素的景观空间视觉吸引

在现实区域中，突显的"景物"更容易被人类视觉所捕捉。无论其形状、位置、大小如何，都是独特的，并且容易记忆和辨识方向及区域等，提供给人们此场所里更多的信息。城市里的标志物，如广告牌、灯箱、旗杆、开放空间中的构筑物等都容易被视线所吸引。

自然风景区里也有它的标志物。如洛阳龙门石窟风景区里的漫水桥，因形体较大，横跨两岸，明显突兀于其他景物，成为人眼视觉的焦点，它不仅可以作为游线节点，还具有见证此场景历史变迁的功能；在居住区景观中，正对视线的大体量的楼房成为视觉的焦点，其次为池水两岸的亭廊构筑物与直立的景观树，都是景观空间中的实体景物要素。

三、色彩要素的景观空间视觉吸引

与"空间尺度和距离"，实体"景物"相比，人眼更容易被"色彩"所吸引。人们对色彩的感受一方面是基于生理层面，这是人眼的视觉注意机制和生理构造。饱和度、明度高的颜色更容易被用来做标志物，如红灯和很多用黄色、红色做标识牌等，甚至是荧光色，以此引起人们的注意。

另一方面是基于人的心理感受，这与不同人群的年龄、文化背景、审美品位等有很大关系。不同色调的使用可以给景观空间中使用的人群以不同的感受，暖色调较多用于欢快、热闹的气氛中，如城市广场、公园、儿童娱乐场所；冷色调常用于静谧、安宁的康复景观中，如居住社区、休疗养院、医院、老年人社区等。

四、综合要素

景观空间的视觉吸引要素往往不是以单一要素出现，通常是三要素并存。三要素在同一空间中所占比重的不同，会给人带来不同的景观空间感受。暖色比冷色更容易吸引人眼的视线，同时，不同层次的景观空间也是吸引人视觉的重要因素；空间尺度和距离、实体景物与颜色的三者组合，其中鲜明的蓝色池水因其颜色和场景中尺度最大的实体成为最先吸引人眼的要素，其次是构筑物实体景物，最后人眼才会感受到远处山峰给人带来的空间距离尺度和距离感。因此，这里认为，在景观空间中，视觉吸引机制的要素及组合得越多，其景观丰富性越强，该景观空间具有的吸引力越强。

第二节　园林景观中视觉的视觉规律

同其他自然现象一样，视觉也有自己的规律。将视觉规律应用于环境设计中，使人类视觉得以正常发挥，此时的感觉便是宜人的。此外，还可利用一些规律得到特别的空间效果。

一、视觉的选择性

在同一时刻内视觉系统会接收到大量信息，人的视觉绝对不是一种类似机械复制外物的照相机。因为它不像照相机那样仅仅是一种被动的接受活动，外部的形象也不是像照相机那样简单地印在忠实接受一切的感受器上。人们无法以同等程度的优先性对进入视觉系统的所有信息进行加工，只有其中一部分信息可以通过选择性地注意被筛选和加工，进入意识。

二、视觉的趋简原则

格式塔心理学对视知觉的研究成果表明，人们在感知不完整、不规则的图形时，总是想竭力改变这些图形，使之成为完美简洁的图形，对获得信息总是按照心理追求简单化的原则进行加工处理。这一原则要求景观设计师应当使环境空间重点突出，通过运用"减法"取得视觉上的和谐。格式塔心理学家的试验还表明，有秩序的、有规律的图形（如几何图形、对称图形，有规律的曲线、直线、表面等），易被人们的视觉所接受，易产生视觉"美感"，但它们却十分不耐看，呆板、单调、缺乏活力。

三、视觉注意

视觉注意是心理活动对一定事物的指向和集中，是心理过程的开端。比如看一群人时，可以出于某种原因，只对其中的一个人进行关注，虽然在视网膜中也有其他人的影像存在，但视觉注意压抑了对他们的审视，视而不见。这种视觉注意还可以出自不同的心理需求，发展为以认知注意为目的的观察方式和以情感注意为目的的观照方式，这是两种不同的视觉方式。视觉注意基本上有两种形态。一种是无意注意，这种注意是自然发展的，无自觉的目的，不需要受众意志的参与和主观上的努力，因此无意注意是没有自觉控制的注意；另一种是有意注意，这种注意非自然发生，而是受众有自觉目的和决定要达到某种目的的要求，它需要意志的参与和视觉上的努力，有意注意是自觉控制的注意。很多的视而不见并非是眼睛的原因。

四、视觉趋向中心原则

人类的视觉活动中，在观看某件东西时一定会将视觉的注意力集中在事物的重心上，这个重心就是所说的视觉中心。如果一件东西缺乏这种视觉中心，无主次之分，无重点之别，要产生美的共鸣和联想是不可能的。

"视觉中心"的存在有它特有的生理依据。从生理角度来看，人们的视野可分为主视野、余视野：主视野位于视野中心，分辨率最高；余视野位于视野的边缘，分辨率较低。日常视觉经验告诉人们，在任何观看过程中，视觉会自我调控，使人们的视觉焦点停留在相对舒适的位置，当人们的眼睛同时面对各种各样的复杂视觉信息符号时，它会成为一个自控的过滤系统，它会有选择地注意自身最感兴趣的信息符号，而其他信息符号则自然而然地成为"背景"。视觉中心区域是有限的，视网膜中央凹是唯一具有敏锐分辨力的地方，但它覆盖的面积不过是一小部分，视域的其他地方则离视网膜中央凹越远越不清晰。因此，进入视觉中心区的视觉元素亦是有限的。同时，他以横排列的一组"A"字母的图形来说明这一观点。表现的是，眼睛从平常的认读距离看一排字母"A"，如果把眼睛视线停留在任何一个"A"上，其他字母就会变得模糊，视线停留的部分，被称之为视觉焦点。根据眼睛观察事物的这种特性，任何静态视觉艺术的表现特征，似乎都遵循了这一视觉规律，是设计创作的一个重要规律。

另外，由于视觉的往复性，视野中心位置的感受力最强。但因环境影响，视觉聚集于中心后又被吸引开，视觉空间因常受光影、色彩、线条、体量的干扰，趣味中心往往就可以相对地加强某种视觉刺激，增强其吸引力，以构成暂时的静态，达到加强表现的目的。

五、视觉流程特性

人们都知道，照相机的原理跟人眼成像原理相似。相机能在景深范围内瞬间记录多方面信息，而从人类眼球的生理构造来看，人眼却只能看清焦点附近的物体，瞬间只能产生一个焦点，人的视线不可能同时停留两点或两点以上，观赏的过程就是视觉焦点移动的过程。因此，人们在观察物象时，视线总是按照习惯顺序或兴奋点的强弱来移动观察，这一视线流动顺序，是以人的生理与心理习惯的认知模式来进行的。看事物的先后顺序，人们称之为视觉流程或视线途径。

过去人们书写和阅读都是竖行从右到左，现在改成了横行从左到右，这不仅仅是为了与国际接轨，而且有一定的科学道理，生理学研究成果表明：由人的双眼出发的视觉神经相汇以后传向大脑的左半部。对绝大多数人来说，大脑的左半球比右半球有着更好的血液供应。而人眼相当于透镜，眼睛右侧的物体成像于血液充足、神经汇聚的左侧视网膜，因而右侧物体的像更清楚。当人的眼睛观察物体时，从左端开始会自动地移到最清晰、最稳定的右端。那些处于视域右方的物体总是更容易被感知一些，而位于右侧物体的视像也比左侧物体的视像更清楚一些。眼睛"扫描"从左边开始，但会自动地移到最清晰、最稳定的右方，视觉对象各组成部分的呈现顺序影响着视觉感知的整体性。所以人们看事物一般是先通观全局，然后才将视线停留到局部；视线移动的顺序通常是先上后下，先左后右。在了解了视觉主体人的视觉流程规律的基础上，进行的空间设计中的巧妙安排，顺应人们的视觉习惯，将设计更有效地展现，与观者进行有效的互动。

六、视觉游移

人眼与镜头最大的不同在于人眼的视线不可能像镜头一样被固定化。首先，从人眼的视觉生理要求来讲，目光游移（眨眼、眼球滚动、扫描等动作）正是人眼的常态。尽管在感觉上人们能意识到整个视野，但人们只能全神贯注于其中的一小部分。为了看清一个主体，眼睛必须持续地进行人们称为"扫描"的小运动。任何人都不可能长期采用一种聚焦方式去观看事物。人的肉眼每隔几秒钟就会眨眨眼，会十分自然地变换焦点，转移注意力。当你与他人进行对视时，你不可能一直盯着对方的眼睛看，而会把视线在对方眼睛周围游移；甚至当你坐在一盘水果面前也不会只盯着一个地方看，你会不断地拉近或拉远视线（睁大或缩小瞳孔），时而看看盘子，时而看看桌子，然后再回转视线关注盘里的水果。也许大脑根本没有意识到这种视角的转换，但它确实发生了。人的生理本能的事实说明，把视角固定在某个位置进行表态分析完全是一种理想状态的做法，在现实生活中却是根本不可能的事情。从人的生理上讲，眼睛长时间注视相同的事物，会引起视觉疲劳，大脑会产生厌倦感。人们的视觉在感知事物时是流动的、跳跃性的。

七、视觉恒常性

所谓恒常现象，是指在各种环境中，即使人的视觉系统中内刺激（网膜影像）有变化，但在一定范围内对外刺激（所看物象）仍感觉不到差异的现象。这不是单纯由客观物理现象所决定，而是取决于人的各种知觉器官综合的反应能力。人们对视觉现象的形状和大小，由于所采用的观看方向、距离不同，所获得的形状和大小也各有差异，但人们通常总有一种共同的倾向性，总认为看到的物体形状和大小均是一定的。知觉的恒常性是人类适应周围环境的一种重要能力。比如人们不会因为一个人把手伸到眼前时就误认为那只手本身突然变大了，不会囿于手的局部现象而忽略人们所知的人的头、四肢各个部分的正常比例这一基本常识。

知觉的恒常性主要有：大小知觉恒常性；明度和颜色恒常性；形状恒常性。比如科学家们通过观察认为，视网膜上物体映像的大小变化，不是被感知为物体大小的变化，而是被感知为物体距离远近的变化。无论你距离一件物体多远，它的大小总是不变的，这种趋向叫视觉的大小恒常性。

第四章 园林景观设计的色彩运用

第一节 影响园林色彩景观设计的因素

一、光的影响

（一）自然光

光色并存，有光才有色。色彩感觉离不开光。色彩从根本上说是光的一种表现形式。光一般指能引起视觉反应的电磁波，即所谓"可见光"。在这个范围内，不同波长的光可以引起人眼不同的颜色感觉，因此，不同的光源便有不同的颜色；而受光体则根据对光的吸收和反射能力呈现出千差万别的颜色。

光是一切色彩的来源，不同的钟点和季节以及不同的地理位置接受光线的差异，使大自然及人为环境中的色彩变化无穷。晴天时，太阳光线一般是极浅的黄色，早上日出后 2 小时显橙黄色，日落前 2 小时显橙红色，园林各景观要素在朝霞和夕阳映照下色彩绚丽是一天中最富表情的时刻。而月光妩媚清丽，是阴柔之美的典型。圆月给人以完美团圆的联想，上、下弦月令人想起与月形相似的弓。月光清亮而不艳丽，使人境与心得，理与心合，淡寂幽远，清美恬悦。宇宙的本体与人的心性自然融贯，实景中流动着清虚的意味，因此月光是追求宁静境界园林的最好配景。苏州网师园的"月到风来亭"，是以赏月为主题的景点。当月挂苍穹，天上之月与水中之月映入亭内设置的镜中，三月共辉，赏心悦目。而被誉为"西湖第一胜境"的赏月胜地"三潭印月"，每到中秋月夜，放明烛于塔内，灯光外透，宛如 15 个小月亮。此时，月光、灯光、湖光交相辉映，夜景十分迷人。

在光源的照射下，同样色彩的物体表面，由于受光条件不同也会呈现不同的色彩，使得物体的受光面、背光面及阴影面色彩有很大的差别。

（二）人工光的影响

人工的光线颜色是可以人为的控制和设定的，人工照明在现代园林设计中起着举足轻重的作用。尤其是在夜间，投光照明能够发挥其独特的光学效果，使园林景观在光照下不再以白天的面貌重复出现，而是展露出新颖别致的夜景。

白天，园林景观是在阳光照射下形成的。夜晚，园林景观则要由精心布置的照明来呈现。有了自然的月光，再加上人工控制的不同光源，园景更为多情。近处灯光照耀下的花卉、树丛、人影、地面纹样，和远处的建筑、林冠天际线，所形成可见的园林空间的景观和范围，与白天不同。照明本身对园景的形成也有很大影响。强烈、多彩的灯光会使整个环境热烈活泼起来，局部而又柔和的照明会使人感到亲切而富有私密感，暖色光使人感到和睦温暖，冷色光使人清静生畏。

灯光设计是园林景观设计中不可缺少的部分，其不仅增加和延伸了园林景观的审美时空，亦可反映景观审美的三维多变性。而灯光设计中，对灯光色彩的应用又尤为重要，特别是渲染气氛和效果的金卤灯、彩卤灯、地埋灯和水景灯，光源的亮度和色彩直接影响园林景观的效果。一般金卤灯（黄色光源）、彩卤灯（红、蓝、紫等光源）常用于景观中的建筑、雕塑和假山等方面，以强调园林景观的文化主体；地埋灯常用于主景植物和植物造景的小品，但在此环境中忌用黄色光源，因黄色光照射在绿色的树叶上，树叶变成褚黄色或土黄，似乎已是"死树"，不符合人们审美的心理需求，用绿色光源为最佳；水景灯的多种色彩的光源，常用于喷泉和有水景的园林景观小品中，其还可用音控、LED 等技术，设计建造出多彩的灯光，使园林景观设计更加完善深入，更大限度地满足大众的审美需求。

（三）光影的影响

影分两类：一是物质受光后在地面的投影；二是水中的倒影。随着日出日落、晨昏更替，大自然的光影不断变换，从而形成了园林景观的朝暮变化。日出而林霏开，日落而林渐静。早晚光影斜投，长长的树影映落水面，在碧波之中，斑驳陆离，优美动人。苏州拙政园中的塔影亭，取自"径接河源润，庭容塔影凉"的诗意。亭建于池心，为橘红色八角亭，亭影倒映水中似塔。蔚蓝色的天空，明丽的日光，荡漾的绿波，鲜嫩的萍藻和红色的塔影组合成一幅美丽的画面，给人以美的享受，同时也丰富了园景。此外，光影对建筑色彩造型的影响更加具有趣味性。光影不仅在建筑受光面增加了明暗对比的效果，同时光影的形状还增加了立面的丰富感。一些建筑师对落影进行精心设计，创造出奇妙多姿的阴影造型。如扬州片石山房假山丘壑中的"人工造月"堪称一绝，光线透过留洞，映入水中，宛如明月倒影。全园水趣盎然，池水盈盈。

在中国古典园林中，早已利用不同色彩的石片、卵石等按不同方向排列，使其在阳光照射下，产生富有变化的阴影，使纹样更加突出。在现代的园林中，多用混凝土砖铺地，为了增加路面的装饰性，将砖的表面做成不同方向的条纹，同样能产生很好的光影效果，使原来单一的路面，变得既朴素又丰富。

总之，了解光对色彩的影响规律，就可利用自然界中表现生动的、千变万化的物象色彩给园林景观增添魅力。

二、色彩的知觉效应

（一）色彩的冷暖感

色彩本身并无冷暖的温度差别，是视觉色彩引起人们对冷暖感觉的心理联想。暖色主要指红、黄、橙三色以及这三色的邻近色。暖色系的色彩感觉比较跳跃，是园林设计中比较常用的色彩。暖色有平衡心理温度的作用，因此在冬季或寒冷地带的春秋季，宜采用暖色的花卉，可打破寒冷的萧索，渲染热烈的氛围，使人感觉温暖。暖色不宜在高速公路两边及街道的分车带中大面积使用，以免分散司机和行人的注力，增加事故率。

冷色的色彩中主要是指青、蓝及其邻近的色彩。在园林设计中，特别是花卉组合方面，冷色也常常与白色和适量的暖色搭配，能产生明朗、欢快的气氛。如在夏季青色花卉不足的条件下，可以混植大量的白色花卉，仍然不失冷感。一般在较大广场中的草坪、花坛等处应用较多。冷色在心理上有降低温度的感觉，在炎热的夏季和气温较高的南方，采用冷色会给人产生凉爽的感觉。江南著名的水乡古镇——周庄，以冷色系为主，在自然的水环境的映衬下，柔和的、灵动的水系与静静的建筑形成了对比，古镇民居以白墙灰瓦的建筑色彩使建筑与河水色调和谐统一，淋漓尽致地表现了原汁原味、令人陶醉的江南水乡风情。此外，在尚未冷凉的春秋季节，青色的花卉应与其补色如橙色系花卉混合栽植，可以降低冷感，而变为温暖的色调。

（二）色彩的轻重感

这主要与色彩的明度有关。明度高的色彩使人联想到白云、雪花等，产生轻柔、飘浮、上升、敏捷、灵活等感觉。明度低的色彩易使人联想钢铁、大理石等物品，产生沉重、稳定、降落等感觉。通常情况下，同类色和类似色之间亮色的感觉更轻。比如黑暗的房屋令人感到厚重，而明亮的房屋却显得轻盈。从色相方面讲，暖色系如黄、橙、红给人的感觉轻；冷色系如蓝、蓝绿、蓝紫给人的感觉重。以色相分轻重的次序排列为：白、黄、橙、红、灰、绿、黑、紫、蓝。物体的质感也会影响轻重感的判断，有光泽、质地细密、坚硬的物体给人以重感；而表面结构松软、有孔隙的物体给人以轻感。在园林中，建筑物基部一般为暗色，其基础栽植也宜选用色彩浓重的植物，如深绿的冷衫、落叶松等，以增强建筑的稳定感。

（三）色彩的软硬感

其感觉主要也来自色彩的明度，但与纯度亦有一定的关系。一般来说，无彩色给人坚硬之感，灰色则会产生柔软之感；明度高、纯度低的色彩柔软，如粉红、天蓝；中纯度的色彩也呈柔感，因为它们易使人联想起动物的皮毛，还有毛呢、绒织物等；明度低、纯度高的色彩都呈硬感，如大红、湖蓝。色彩的软硬感与轻重感紧密相关，感觉轻的色彩给人以软而膨胀的感觉，与此相反，感觉重的色彩则会给人硬而收缩的感觉。在园林中，色彩的软硬感应与轻重感应紧密结合，创造符合特定意境的园林空间，如拙政园一角的配置体现了色彩的柔软感。

（四）色彩的膨胀与收缩感

由于色彩有前后的感觉，因而暖色、高明度色有扩大、膨胀感，冷色、低明度色有显小、收缩感。色的胀缩感也是一种错觉。如果将具有膨胀感的色和具有收缩感的色并置时，由于对比作用，会使色彩的视错现象加强。在青枫绿屿中远景松树苍翠，近景槭树绯红，色彩对比明显，使得红色更红，翠色更翠；近景暖色，膨胀、扩展、前进，远景冷色，收缩、内敛、后退，对比中更显出景色深远。暖色膨胀而给人的亲切感用于园林中的小品和服务设施中，在心理上使人容易和愿意接近。在面积上冷色有收缩感，同等面积的色块，在视觉上冷色比暖色面积感觉要小，在园林设计中，要使冷色与暖色获得面积同大的感觉，就必须使冷色面积略大于暖色。

（五）色彩的活泼与庄重感

暖色、高纯度色、强对比色感觉跳跃、活泼有朝气，冷色、低纯度色、低明度色感觉庄重、严肃。暖色能烘托和渲染热烈、欢快氛围，在园林设计中多用于节假日的花坛、儿童娱乐场所及一些庆典场面，如广场花坛及主要入口和门厅等环境，给人朝气蓬勃的欢快感。如中国沈阳世界园艺博览会的主入口内的迎宾大道上 40m 宽的由喷泉、叠水、鲜花、绿树、台地共同构成气势非凡的"迎宾地毯"，色彩艳丽夺目，整个迎宾花街渲染了一种欢畅热烈的节日气氛，从而使游客的观赏兴致顿时提高，也象征着欢迎来自远方宾客的含义。而纪念性建筑及场所多利用冷色所特有的宁静和庄严，烘托和增加庄严肃穆的氛围。如傍山而筑的中山陵园，整个建筑群屋面以青灰色为主，从入口拾级而上，远看青灰色与白色构成的建筑，配以两边深绿色的雪松，整体上气势宏伟而又庄严肃穆。

（六）色彩的前进与后退感

由各种不同波长的色彩在人眼视网膜上的成像有前后，红、橙等光波长的色在后面成像，感觉比较迫近，蓝、紫等光波短的色则在外侧成像，在同样距离内感觉就比较后退。实际上这是视错觉的一种现象，一般暖色、纯色、高明度色、强烈对比色、大面积色、集中色等有前进感觉。相反，冷色、浊色、低明度色、弱对比色、小面积色、分散色等有后退感觉。如同样面积的红与绿色并置，红色有接近观赏者的感觉，有前进感；若在大面积的红底上涂一小块绿色，则绿有前进感，而红色有远离之感。园林中可用色彩的距离感来加强景观的层次，如作背景的树木宜选用灰绿色或蓝灰色植物雪松、毛白杨，而前景可用红枫、红叶李等，从而拉开景观层次。而对一些空间较小的环境边缘，可采用冷色或倾向于冷色的植物，能增加空间的深远感。在小庭院空间中用冷色系植物或纯度小、体量小、质感细腻的植物，以削弱空间的挤塞感。

三、配色艺术

（一）同类色相配色

相同色相的颜色，主要靠明度的深浅变化来构成色彩搭配，使人感到稳定、柔和、统一、幽雅、朴素。园林空间是多色彩构成的，不存在单色的园林，但不同的风景，如花坛、花带或花地内只种同一色相的花卉，当盛花期到来，绿叶被花朵淹没，其效果比多色花坛或花带更引人注目。成片的绿地、田野里出现的大面积的油菜花，道路两旁的郁金香，枫树成熟时的漫山红遍，这些具有相当大面积的同一颜色所呈现的景象十分壮观，令人赞叹。在同色相配色中，如色彩明度差太小，会使色彩效果显得单调、呆滞，并产生阴沉、不协调的感觉。所以，宜在明度、纯度变化上做长距离配置，才会有活泼的感觉。

（二）邻近色相配色

在色环上色距很近的颜色相配，得到类似且协调的颜色，如红与橙、黄与绿。一般情况下，大部分邻近色的配色效果，都给人以甘美、清雅、和谐的感受，很容易产生浪漫、柔和、唯美、共鸣和文质彬彬的视觉感受，如花卉中的半枝莲，在盛花期有红、洋红、黄、金黄、金红以及白色等花色，异常艳丽，却又十分协调。观叶植物叶色变化丰富，多为邻近色，利用其深浅明暗的色调，可以组成细致协调有深厚意境的景观。在园林中邻近色的处理应用是大量的、富于变化的、能使不同环境之间的色彩自然过渡，容易取得协调生动的景观效果。

（三）对比色相配色

对比色相颜色差异大，能产生强烈的对比，使环境易形成明显、活跃、华丽、明朗、爽快的情感效果，强调了环境的表现力和动态感。如果对比色都属于高纯度的颜色，对比会非常强烈，显得刺眼、炫目，使人有不舒服、不协调的感觉，因而在园林中应用不多。较多的是选用邻补色对比，用明度和纯度加以协调，缓解其强烈的冲突。在对比有主次之分的情况下，对比色能协调在同一个园林空间，如万绿丛中一点红，就比相等面积的绿或红更能给人以美感。对比色的处理在植物配置中最典型的例子是桃红柳绿、绿叶红花，能取得明快的春花烂漫的对比效果。对比色也常用于要求提高游人注意力和给游人以深刻印象的场合。有时为了强调重点，运用对比色，主次明显，效果显著。

（四）多色相配色

园林是多彩的世界，多色相配色景观中用得比较广泛。多色处理的典型是色块的镶嵌应用，即以大小不同的色块镶嵌起来，如暗绿色的密林、黄绿色的草坪、闪光的水面、金黄色的花地和红白相间的花坛等组织在一起。利用植物不同的色彩镶嵌在草坪上、护坡上、花坛中都能起到良好的效果。

第二节 园林景观要素中色彩的运用

园林景观要素即园林景观中色彩的物质载体，包括山石、水体、植物、建筑、小品、铺装等。园林要素的色彩主要分为两大类，即自然和人工的。下面就园林中的植物、建筑和小品要素具体分析其中色彩的运用。

一、植物

园林中的色彩主要来自植物，以绿色为基调，配以色彩艳丽的花、叶、果、干皮等构成了缤纷的园林色彩景观。如早春枝翠叶绿，仲春百花争艳，仲夏叶绿浓荫，深秋丹枫秋菊硕果，寒冬苍松红梅，展现的是一幅幅色彩绚丽多变的四季图，给常年依旧的山石、建筑赋予了生机。园林植物808种色彩及其多样化配置，是创造不同园林意境空间组合的源泉。因此，在园林设计中，应熟悉植物的色彩搭配，达到充分利用植物丰富多变的色彩美来表现园林艺术的目的。

（一）植物的色彩

1.叶色
大多数植物的叶色为绿色，但通常又有深浅、明暗的差异。还有些树种的叶色会随着季节的变化而变化。

①春色叶植物：许多植物在春季展叶时呈现黄绿或嫩红、嫩紫等娇嫩的色彩，在明媚春光的映照下，鲜艳动人，如垂柳、悬铃木等。常绿植物的新叶初展时，或红或黄的新叶覆冠，具有开花般效果，如香樟、石楠、桂花。

②秋色叶植物：秋色叶植物一直是园林中表现时序的最主要的素材。秋叶呈红色的很多，如枫香、五角枫、鸡爪槭、茶条槭、黄护、乌桕、盐肤木、柿树、漆树等。部分秋叶呈黄色的植物，如银杏、无患子、鹅掌楸、奕树、水杉等。

③常色叶植物：有些园林植物叶色终年为一色，这是近年来园艺植物育种的主要方向之一，常色叶植物可用于图案造型和营造稳定的园林景观。常见的红色叶有红枫、红桑、小叶红、红橙木，紫色叶有紫叶李、紫叶小聚、紫叶桃、紫叶矮樱、紫叶黄护，黄色叶有金叶女贞、金叶小粟等。

④斑色叶植物：斑色叶植物是指叶片上具有斑点或条纹，或叶缘呈现异色镶边的植物。如金边黄杨、金心黄杨、洒金东碱珊瑚、金边瑞香、金边女贞、洒金柏、变叶木、金边胡颓子、银边吊兰等。还有如红背桂、银白杨等叶背叶面具有显著不同颜色的双色叶植物，在微风吹拂下色彩变幻，极具意境之美。

色叶树种在园林绿地中可丛植、群植，充分体现群体观赏效果，其中的一些矮灌木在观赏性的草坪花坛中作图案式种植，色彩对比鲜明，装饰效果极强。同时由于秋色叶树种和春色叶树种的季相非常明显，四季色彩交替变化，能够体现出时间上的节奏与韵律美。故园林中应较多合理地配植彩叶树丛，使之产生更为复杂的季节韵律，如石楠、金叶女贞、鸡爪槭和罗汉松等配植而成的树丛随着季节变化可发生色彩的韵律变化，春季石楠嫩叶紫红，夏季金叶女贞叶丛金黄，秋季鸡爪槭红叶入醉，冬季罗汉松叶色苍翠。

2.花色

植物的色彩主要表现在花色上的变化，植物的花色可以说是绚丽多彩、姹紫嫣红。植物花色的合理搭配构成了一幅迷人的图画，它是大自然赐给人类最美的礼物。

万紫千红的植物花色，尤其是草本花卉花色多样，开花时艳丽动人，如粉色的福禄考、八仙花；橙色的金盏菊、万寿菊；红色的一串红；白色的蜘蛛百合、瓜叶菊；黄色的小苍兰、春黄菊；蓝色的葡萄风信子；紫色的薰衣草等，这些都是园林中常用的草花，色彩搭配合理，能够创造出怡人的园林环境。此外，近几年在设计中越来越倾向采用野花来丰富色彩景观，如中国北方常见的红色的红花酢浆草、紫色的紫花地丁、黄色的蒲公英及蛇莓、蓝紫色的白头翁等；北京在奥运绿化中也准备大量使用北京特有的野生花卉，目前列入选择范围的有紫红色的棘豆、黄色的甘野菊、白色及粉色等多种颜色的野莺尾、粉白色的百里香、红色的小红菊、黄色的黄菊和目前绿化中已有所应用的二月兰等。

先花后叶的木本植物花海般赏心悦目，气氛浓烈，是营造视觉焦点的极好材料。如春季的白玉兰，一树白花，亭亭玉立；夏季的石榴，色红似火；秋季的桂花，色黄如金；严冬的梅花，冰清玉洁。一年中花期最长的是紫薇、月季、棣棠花。紫薇被人称为"百日红"，月季寓意月月季季有花。牡丹、月季、芍药花朵硕大，色彩鲜艳，芳香袭人，具有很高的观赏价值，千百年来经过人工繁育栽培，花的色相也由白、红、黄变成多种复合色，这些花灌木已经成为园林绿地常用的美化装饰材料。

在花卉的色彩设计中可以利用不同花色来创造空间或景观效果，如果把冷色占优势的植物群放在花卉后部，在视觉上有加大花卉深度，增加宽度之感；在狭小的环境中用冷色调花卉组合，有空间扩大感。在平面花色设计上，如有冷暖两色的两丛花，具有相同的株形、质地及花序时，由于冷色有收缩感，若想使这两丛花的面积或体积相当，则应适当扩大冷色花的种植面积。

位于荷兰阿姆斯特丹的库肯霍夫花园是欧洲乃至全球最迷人的花园之一，园中以丰富多彩的郁金香闻名。绰约多姿的洋水仙，丰满绚丽的风信子等名花也和郁金香一起，奏响了一曲华丽而欢畅的春之歌，令人心旷神怡。放眼望去，姹紫嫣红的花海，碧绿葱茏的树林，如毡似毯的芳草，微波荡漾的碧水，还有水面上畅游欢鸣的天鹅和水鸭，无不烘托出浓郁而迷人的春日气息。

植物的花色在园林中应用最为广泛，无论是花坛、花镜，还是花池、花丛与花台、花钵，从平面到立体，均以色彩艳丽的花色丰富了园林景观。

（二）植物色彩的表现形式

园林植物色彩表现的形式一般以对比色、邻补色、协调色体现较多。对比色配置的景物能产生对比的艺术效果，给人以强烈、醒目的美感。而邻补色就较为缓和，给人以淡雅的感觉。如上海十大魅力景区之一的大宁灵石公园，以疏林草地式配置，加以色叶树种及点缀于林下的大面积草花，色彩张弛有度，清新自然。协调色一般以红、黄、蓝或橙、绿、紫二次色配合均可获得良好的协调效果。这在园林中应用已经十分广泛。如现代公园花坛、绿地中常用橙黄的金盏菊和紫色的羽衣甘蓝配置，远看色彩热烈鲜艳，近看色彩和谐统一。

园林植物的色彩另一种表现形式就是色块配置，色块的大小可以直接影响对比与协调，色块的集中与分散是最能表现色彩效果的手段，而色块的排列又决定了园林的形式美。如沿路旁布置的花境，粉、红、黄、白色显得明快、简洁、协调。现代园林中由各种不同色彩的观叶植物或花叶兼美的植物所组成的绚丽复杂的图案纹样为主题的模纹花坛不再局限于平面图案，也逐步开始丰富了立体空间的层次感。这些景点成功的植物色彩配置就是科学巧妙地运用了色彩的颜色、色度、层次，给人们一种美的享受。

（三）园林植物色彩景观设计的配色原则

（1）应符合异同整合原则。植物与植物及其周围环境之间在色相、明度以及彩度等方面应注意相异性、秩序性、联系性和主从性等艺术原则。

在园林景观中，植物和其他景观要素如建筑、小品、铺装、水体、山石等一起构成园林景观的大环境，故植物色彩在搭配上应与其周围环境相协调一致。园林中，本身色彩就丰富多变的植物，与周围单色的建筑、小品在色彩、质感、饱和度上既有对比又和谐统一，共同创造了色彩斑斓的园林景观。

（2）任何景观设计都是围绕一定的中心主题展开的，色彩的应用或突出主题，或衬托主景；而不同的主题表达亦要求与其相配的色彩协调出或热闹、或宁静、或温暖祥和、或甜美温馨、或野趣、或田园风光等氛围。

通常在宽阔草坪或是广场等开敞空间，用大色块、浓色调、多色对比处理的花丛、花坛来烘托畅快、明朗的环境气氛；在山谷林间、崎岖小路的封闭空间，用小色块、淡色调、类似色处理的花境来表现幽深、宁静的山林野趣；山地造景，为突出山势，以常绿的松柏为主，银杏、枫香、黄连木、槭树类等色叶树衬托，并在两旁配以花灌木，达到层林叠翠、花好叶美的效果；水边造景，常用淡色调花系植物，结合枝形下垂、轻柔的植物，体现水景之清柔、静幽。

（3）不同的色彩带有不同的感情成分，应充分利用植物色彩来创造园林意境。花红柳绿是春天的象征，枫林叶红似火是美丽的秋景，这些都表达了不同的园林意境。在南京雨花台烈士陵园中常青的松柏，象征革命先烈精神永驻；春花洁白的白玉兰，象征烈士们纯洁品德和高尚情操；枫叶如丹、茶花似血，启示后人珍惜烈士鲜血换来的幸福。西湖景区岳王庙"精忠报国"影壁下的鲜红浓艳的杜鹃，借杜鹃啼血之意表达后人的敬仰与哀思。这些都是利用植物色彩寓情寄意的一种表达。

（4）园林植物景观最有特色的在于其季相变化，因此，熟悉掌握不同的植物的各个季相色彩可以引起流动的色彩音乐。渲染园林色彩，表现园林鲜明的季相特征，是植物特有的观赏功能。掌握不同植物的生态习性、物候变化及观赏特性，组织好植物的时序景观，组成三时有花四时有景的风景构图，以突出园林景观中植物特有的艺术效果。如杭州西湖，早春有苏堤春晓的桃红柳绿，暮春有花港观鱼群芳争艳的牡丹，夏有曲院风荷的出水芙蓉，秋有雷峰夕照丹枫绚丽如霞，冬有孤山红梅傲雪怒放，西湖景区突出了植物时序景观而愈加迷人。

一般来说，在局部景区往往突出一季或两季特色，以采用单一种类或几种植物成片群植的方式为多。为了避免季相不明显时期的偏枯现象，可以用不同花期的树木混合配置、增加常绿树和草本花卉等方法来延长观赏期。如杭州花港观鱼中的牡丹园以牡丹为主，配置红枫、黄杨、紫薇、松树等，牡丹花谢后仍保持良好的景观效果。在掌握植物的季相色彩变化的同时，要尽量以春花秋实为主，并且应多考虑夏季和冬季的色彩，因为它们占据着一年中的大部分时间。总之应做到四季各有特色，避免一季开花，一季萧瑟，偏枯偏荣的现象。

二、建筑

（一）园林建筑风格与色彩

皇家园林的富丽堂皇、江南园林的含蓄雅致主要通过建筑的色彩表现其风格。如北方皇家园林中的建筑色彩都采用暖色，大红柱子、琉璃瓦、彩绘等金碧辉煌，显示帝王的气派，减弱冬季园林的萧条气氛。北京的紫禁城是最具代表性的建筑群体，其鲜明而强烈的总体色彩效果给人以深刻的印象：湛蓝色的天空下成片闪闪发亮的金黄色琉璃瓦屋顶，屋顶下是青绿色调的彩画装饰，屋檐以下是成排的红色立柱和门窗，整座宫殿坐落在白色的汉白玉台基上，台下是深灰色的铺砖地面。这蓝天与黄瓦，青绿彩画与红色的柱子和门窗，白色台基和深灰色地面形成了色彩的强烈对比，给人以极其鲜明的色彩感染力，使宫殿呈现出色彩斑斓、金碧辉煌的效果，体现了皇家宫殿的气魄。而南方的私家园林建筑色彩多用冷色，黑瓦粉黛，栗色柱子等十分素雅，显示文人高雅淡泊的情操，减弱夏季的酷暑感。这种色调不仅易与自然山水、花草、树木等协调，且易于创造出幽雅、宁静的环境气氛。如苏州网师园入口处的半亭为青瓦歇山屋顶，棕色深杨木构架，两角高高翘起，一侧与矮墙相连，另一侧为假山，环绕在白粉墙下，被衬托得格外醒目。整体色彩素洁，轮廓线条秀丽，犹如一幅水墨画，显得清秀典雅。再如以山林为背景的中山陵建筑群，采用青色琉璃瓦的屋顶，充分显示出庄严、朴实和安详的美。

寺庙园林建筑由于受不同的地理环境和自然环境影响，其建筑体形和色彩上差别很大。如承德山庄外八庙建筑，把殿阁的金顶或群楼上的亭殿突出于主体建筑之上，配以红台、白台和各种色彩艳丽的红、白、绿、墨色的塔，组成气势雄伟、色彩丰富的建筑群体。而镇江的金山寺建筑色彩上则以灰、白、黄为主，显示出安详、宁静的环境氛围。

现代园林建筑色彩受到国外造园特点的影响很大。如北京现代园林中的人定湖公园，设计上吸取了欧洲一些国家台地园式的造园特点，用草地、水景、雕塑、花架、景墙及青色屋顶、白色墙面的建筑，创造了一个色彩明快、节奏鲜明的具有欧洲规则式庭院韵味的园林环境。以建筑风格多样性而闻名遐迩的哈尔滨，其不少建筑不仅融入了折中主义、巴洛克式、新艺术运动式建筑风格，还有欧式、俄罗斯式等多元化的建筑风格。其中的圣·索菲亚大教堂深受拜占庭式建筑风格的影响，富丽堂皇、典雅超俗、宏伟壮观，体现了浓郁的俄罗斯风情。它采用砖木结构，平面呈十字形，墙体为清水红砖，整个建筑最引人注目的要数中央耸立的巨大而饱满的洋葱头造型的穹顶，青绿色的穹顶与红色墙体对比鲜明，稳重而不失大气。

此外，具有不同性质和功能的建筑，应采用不同的色彩。如疗养院、医院以白色或中性灰色为主调，在心理上给人以整洁、安静之感；礼堂、纪念堂常常用黄色的琉璃瓦来作檐口装饰，在心理上给人以庄严、高贵和永久之感。

（二）建筑的意境与色彩

园林建筑着重于意境的创造，寓情于景、情景交融是中国传统的造园特色。园林建筑空间是有形有色、有声有秀的立体空间艺术塑造。色彩性能、色彩效果、色彩规律的运用更有助于园林建筑环境的意境创造。如色彩的冷暖、浓淡的差别，色彩的感情、联想，色彩的象征作用等，都可给人以各种不同的感受。这些在许多园林建筑艺术意境的创作上都显示出来。如苏州园林，建筑多为白墙灰瓦，以其为背景，使花、草、树、山、石及建筑小品在白墙的衬托下，其轮廓更加醒目。优美的形体及色彩将景物表现得淋漓尽致。

中国园林艺术是自然环境、建筑、诗、画、楹联等多种艺术的综合。建筑中的楹联对于建筑意境的烘托最为直接，也最能体现园林建筑意境。楹联往往与匾额相配，或竖立门旁，或悬挂在厅、堂、亭、榭的楹柱上。不但能点缀堂榭，装饰门墙，在园林中往往表达了造园者或园主的思想感情，还可以丰富景观，唤起联想，增加诗情画意，起着画龙点睛的作用，是中国传统园林的一个特色。如苏州拙政园中的"与谁同坐轩"，表达了"与谁同坐？清风、明月、我"的孤芳自赏的思想。

中国园林建筑的意境之所以被人们推崇，就在于它可以使游览者"胸罗宇宙，思接千古"，从有限的时间空间进入无限的时间空间，从而引发一种带有哲理性的人生感、历史感。

（三）园林建筑的构图与色彩

园林建筑环境中的色彩除涉及房屋本身的材料色彩外，还包括植物、山石、水体等自然景物的色彩。它具有冷暖、浓淡、轻重、进退、华丽和朴素等区分。色彩对比与色彩协调运用得好，可获得良好的构图效果。如北海公园的白塔为整个园林中的制高点，附属寺院建筑沿坡布置，高大的塔身选用纯白色，与寺院建筑群体，在色彩上形成了强烈的对比。并且白塔的白色与远处的金碧辉煌的故宫形成烘托，使特征更为突出，在青山、碧水、蓝天的衬托下，气势极其壮丽，在色彩构图上形成主次、明暗、浓淡，对比适宜，使空间环境富有节奏感。同样是白塔，而在扬州瘦西湖中仅是钓鱼台构图的巧妙一笔，台上重檐方亭有两圆门，分别引入瘦西湖中两个有代表性的主体建筑——五亭桥和白塔，远处白色的塔、近处黄色亭顶而又形似莲花的五座亭子，二者既相互映衬，同时又都被借入钓鱼台的景色之中。整体上看，造型别致，色彩壮观典雅。

在园林建筑造景时，为突出建筑物的空间形体，所用的色彩最好选用与山石、植物等具有鲜明对比的色彩，也可以山林、草地为背景，使建筑小品、石景、植物等与背景色形成对比，组成各种构图效果，如苏州留园冠云峰，用冠云楼的深色门窗、屋顶和树木衬托出石峰优美的轮廓。

园林建筑环境中的围墙，常用来分割空间，以丰富景致层次，引导和分割游览路线，所以它是空间构图的一项重要手法。围墙面的色彩不同可产生不同的艺术效果。白墙明朗而典雅，与漏花窗、景窗组合更显活泼、轻快，特别是与植物等组景，色彩更加明快。灰墙色调柔和雅静，如云似雾，冥冥中好像没有墙壁，扩大了空间感，用来衬托山石植物，可给人以幽雅感。

此外，人与建筑的距离及观察角度的不同，对色彩的表现效果也会产生不同程度的影响。同样色彩的建筑，当近距离和远距离观看时，色调、明度和彩度都有明显的变化。远处的色彩会由于大气的影响趋向冷色调，明度和彩度也随之向灰调靠近。建筑色彩的差异还具有区分作用，如区分功能区、区分部位、区分材料、区分结构等。在园林环境中，建筑同时具有背景和图形的双重性，如一栋建筑在某种景观范围内是图形，在另一种景观范围内则是背景。

色彩存在于一个大环境中，它不可能孤立存在，所以在研究建筑色彩时，必须从整体出发，综合考虑诸多环境因素的影响，首先注重统一性，再强调个性，这样才能设计出与环境相协调的建筑色彩。现代园林建筑虽已突破传统色彩的束缚，在色相上化繁为简，在饱和度上变深为浅，在亮度上以明代暗，建筑用色除了考虑建筑本身的性质、环境和景观三者的要求之外，还应在用色上别出心裁，这样才能有所创新，不落俗套。

三、小品

园林小品是指园林中供休息、装饰、照明、展示和为园林管理及方便游人之用的小型服务设施，一般设有内部空间，体量小巧，功能简单，造型别致，富有特色，并讲究适得其所。小品在园林中既能美化环境，丰富园趣，为游人提供文化休息和公共活动的方便，又能使游人从中获得美的感受和良好的教益。它具有艺术性、时代感，并将功能性和美观性相结合，起着点缀园林环境、活跃景色、烘托气氛、加深意境的作用。每一种小品都有其独特的颜色，而色彩的应用并非易事，这需要设计者了解小品自身的功能、小品所处的环境、景观的主题思想、游人的心理等。色彩与小品的恰当相融能增添小品自身的观赏性，并可以为环境增添视觉亮点。现代园林小品形式多种多样，根据园林小品服务于人的功能，将其分为以下几类：

（一）装饰性园林小品

装饰性园林小品在园林中主要起点缀作用，可丰富园林景观，同时也有引导、分隔空间和突出主题的作用，它包括各种固定的和可移动的花钵、饰瓶，装饰性的日晷、水缸，各种景墙、景窗及雕塑等。如北海公园中以七色琉璃砖镶砌而成的九龙壁，它不但起到分隔空间的作用，同时还通过壁两面的九条蟠龙来突出整个园子气势雄劲的主题。装饰性小品在园林中应用非常广泛，其色彩的选择除与小品本身表达的主题内容有关外，还应与环境背景的色彩密切相关，充分利用对比色与相近色的处理。以雕塑为例，一般白色的雕塑应以绿色的植物为背景，形成鲜明的对比；而古铜色的雕塑一般以蓝色为背景。

（二）供休息的园林小品

供休息的园林小品包括各种造型的园椅、凳、桌和遮阳的伞、罩等。常结合环境，用自然块石或用混凝土作成仿石、仿树墩的凳、桌；或利用花坛、花台边缘的矮墙和地下通气孔道来做椅、凳等；围绕大树基部设椅凳，既可休息，又能纳荫。其位置、大小、色彩、质地应与整个环境协调统一，形成独具特色的景观环境，特别是休憩性广场上的园林小品更应体现轻松、恬静、温馨、活泼浪漫的环境气氛。以园椅为例，其作用是为人们提供歇脚的休息场所，其主要目的是抚平人们的劳累或提供一个聊天的空间，因此应采用古朴的自然色彩，如木材的本色或石材的色泽。如苏州拙政园中与花台相结合的座椅，除为游人提供休息之外，还有很高的观赏性，其材料的颜色、质感和绿叶黄花也能够很好地协调。若采用大红大绿的色彩，恐怕不仅不能让人喘过气来，反而更觉心烦意躁。但如果是在儿童游乐场所，则又另当别论。

（三）灯光照明小品

灯光照明小品主要包括园林中的路灯、庭院灯、灯笼、地灯、投射灯等，灯光照明小品具有实用性的照明功能，同时本身的观赏性也有很强的装饰作用。其造型、色彩、质感、外观应与整个园林环境的大氛围相协调。灯光照明小品主要是为了园林中的夜景效果而设置的，突出其重点区域。如上海的世纪大道两旁的路灯，其造型的外观、色彩、质感都很好地与道路两旁的景观相协调，体现了时代感，很有象征意义。

以园灯为例，通常可分为三类：第一类纯属引导性的照明用灯，使人循灯光指引的方向进行游览。因而在设置此种照明灯时应注意灯与灯之间的连续性；第二类是组景用的，如在广场、建筑、花坛、水池、喷泉、瀑布以及雕塑等周围照明，特别用彩色灯光加以辅助，则使景观比白昼更加瑰丽；第三类是特色照明。此类园灯并不在乎有多大照明度，而在于创造某种特定气氛。如中国传统庭园和日本庭园中的石灯笼，尤其是日本庭园中的石灯笼，在园林设计中非常常见，已成为日本庭园的重要标志。

园灯的造型灵活多变、不拘一格，凡有一定功能且符合园林风格和装饰性的均可采用。除具有特殊要求的灯具外，一般园林灯的造型应格调一致，避免五花八门的造型所产生的凌乱感。在现代园林中常采用地灯布景，地灯通常很隐蔽，只能看到所照之景物。此类灯多设在蹬道石阶旁、盛开的鲜花旁及草地中，也有用在游步道上的，总之安排十分巧妙。

第五章 园林景观设计的发展趋势

第一节 园林景观发展的动力

一、社会动力

(一)发展政策导向

中华人民共和国成立以来，园林事业作为社会公益事业，历届政府领导人都高度重视，特别是党的十八大将"生态文明建设"放在突出的地位。生态文明建设是实现城市经济和社会目标发展的重要手段之一，是建设美丽中国，树立良好的城市形象，提升城市品位，美化环境，实现城市可持续发展的途径之一，也因此各级政府在资金、土地、政策、管理等方面的投入力度都不断加大。

随着我国社会、经济的发展和城市（镇）化进程的加快，城市、人口与环境、资源的矛盾日益突出，环境污染和生态破坏的问题增多，加之全球一体化的发展，民主特色文化不断流失，如何保护自然生态环境并不断改善城乡生态环境，成为摆在各级政府面前的难题，所以政府在制定城市远景规划的时候，绿地规划成了其中备受关注的部分。近年来，园林旅游作为发展经济的第三产业得到了政府的大力支持。我们始终重视自然和文化遗产的保护和管理，但在风景园林领域如何将这些文化传承下来是摆在学科面前的难题，这道难题在对风景园林学科提出任务和要求的同时，提供了难得的发展机遇和巨大的发展空间。目前，风景园林作为生态文明建设的一项重要内容，已经成为提高人们生活品质、加快城市发展、构建和谐社会的重要基础，所以各级政府在费用和政策方面都会予以倾斜。

另外，我国国际地位逐步提高，中外文化交流日益频繁，政府在打造国际形象和文化输出时对本土文化的需求变得更加强烈，这一方面是由于经济的发展；另一方面是由于举办奥林匹克运动会、世界博览会、世界园艺博览会等这样大型的国际活动本身就要求参与主体展示具有特色的东西，以对外宣传自己，同时参与主体希望通过这些行为来发扬自己的文化，提高知名度，增强人民对本土文化的认同，增强国家和民族的自信心、自豪感，地方政府在建设地方标志或公建项目时也要求体现地方文化，如西安的大唐不夜城、华清池新城。

（二）文化认知回归

对传统园林的再认识是"新中式"园林产生的内在基础，引发这种再认识主要表现在以下几个方面：

1.保护文化遗产意识的觉醒

在申遗的过程中，越来越多的人认识到保护民族文化的重大意义。与遗产保护相关的法规、公约、管理条例的出台，为"新中式"园林提供了更多的可参考内容，也在一定程度上提高了"新中式"园林的影响力。中国传统园林是中华民族的一笔宝贵财富，理应得到传承和发扬。它所体现的文化归属感是现代人所渴望的，这也成为"新中式"园林传承传统园林的内在驱动力，也是文化自信的力量。

2.快速发展形势下的反思

自改革开放以来，我国园林景观事业在发展过程中也出现了一些问题。其中，最大的问题就是园林设计中文化属性、民族属性和地域属性的缺失，造成了人们的感情缺失，环境和资源问题也日益严重。

中国大地就像一个大的世博园，各国的特色建筑、园林式样都能在中国找到相应的版本。为尽快缩短与发达国家的差距，向发达国家学习是必不可少的途径之一，模仿和借鉴也是必经阶段。但如何在吸收消化蜕变之后、形成自己的民族风格是摆在我们面前的重要而严肃的课题。探寻时代背景下新的民族文化，这也必然成为一种文化自觉的行动。

3.环境问题的凸显

全球气候变暖、资源能源的过度使用、热带雨林面积的减少、濒危物种数量增加、罕见大灾难的发生等使越来越多的人认识到保护环境的重要性。

"以人为本"是基于治理社会而提出的社会观，但不能施加在自然之上。在自然面前，应以自然为本。传统园林"天人合一""道法自然"的指导思想与"可持续发展"的理念不谋而合。这也给予现代园林的发展很大启示，道法自然、尊重自然应成为我国未来发展的重要理念。现代园林从传统园林中汲取养分，也是历史发展的必然。

（三）市民生活对新园林的要求

我国地域辽阔，地理环境、风土人情、气候条件、经济发展等方面差异较大，这也奠定了我国园林形式多样化的基础。我国古典园林形式按地域划分有北方园林、江南园林、岭南园林。除此三大主题风格，还有巴蜀园林、西域园林等形式，它们在共有的设计理念之上融合了历史、地理、人文特点，以独到的处理方式创造出鲜明的特征。然而在社会飞速转型的推动下，中国传统园林的独有特色在现代化的进程中悄然隐退。相对而言，西方的园林理论体系比较成熟和完善，致使大多数情况下我们直接实行"拿来主义"，尤其是近年来兴起的欧陆风、地中海风、东南亚风使中国园林的历史文脉正消失殆尽。雷同化、表面化、概念化的景观越来越多，人们对自己的生活环境日渐陌生，渐渐丧失归属感、场所感、认同感、方位感，陷入整体性"环境危机"中，所以创造场所精神、寻求归属感、追寻具有本土特质的现代园林形式，要求园林具有深层次的内涵表达成了人们日益关注的问题。追寻归属感和本土特质，并不是要回到过去，而是以传统文化为根源，并随着时代进步、社会发展逐步形成具有本土特质的文化品质。新的园林形式是在蕴含深厚文化底蕴的同时，满足现代人多样化的精神需求和生活需求。

二、经济动力

（一）经济基础制约园林发展

现代园林景观的兴起与生产力的提高有着必然的联系，只有当物质文明发展到一定的程度，人们才会有意识、有觉悟地进行精神文明方面的建设。随着我国经济的飞速发展，人民的生活水平大幅提高，精神上的追求就更加迫切，追求美好的生活环境就成为必然。雄厚的经济基础和政府部门对环境的关注是园林事业发展的基本保障。随着国民经济的增长，公共设施建设固定资产投资也随之增长，园林绿化的投资也逐渐加大。

近些年，随着园林景观事业的发展，园林经济初见成效，在一定程度上促进了园林事业的发展。园林景观发展的核心是实现城市、区域乃至全国的园林化，宗旨是实现人与自然的和谐相处，寻求人与自然可持续发展的途径。可持续发展是园林建设的出发点，那么园林经济就是可持续发展的落脚点。涵盖园林经济活动的有景观资源和风景名胜区的生态保护、重大建设项目与自然协调、创建国家园林城市、城市景观设计及创造宜人优美的居住环境。这些活动的建设过程带动了相关产业的发展（如材料产业、工艺设计等），促进了城市经济的发展，这些直接或间接产生的经济效益，又保证了园林景观事业的持续稳定发展。

（二）市场经济促进园林景观的个性化与多样化

随着我国改革开放的推进，市场竞争越来越激烈。把握好先机，通过产品的差异性提高竞争力是竞争者常用的手段。这些差异性体现在产品的性能、质量、款式、档次、产地、技术、工艺、原材料以及售前售后服务、销售网点等方面。对于风景园林规划设计而言，差异性就体现在设计风格、设计理念、科技含量、可持续发展等方面。

中国城市化进程的加快和房地产业的空前活跃，为风景园林提供了巨大的发展空间。在使用者对异国风情的热情降温，对本土传统关注度提高的形势下，投资者和开发者开始敏锐地捕捉到土木设计的回归和市场的巨大需求，也意识到其美好的前景，加上媒体的宣传包装和市场策划，形成了品牌效应，提高了对传统园林的关注，从而形成了推动"中式"园林发展的重要动力。

"中式"风格区别于以往的设计，因为其满足了现代人们心理上和情感上的缺失——民族的认同感和文化的归属感；就生活方式和审美观念而言，带有我国古典园林铭印的设计更符合现代中国人的需求，并且有利于传承中华民族优秀文化。这些差异性为"新中式"风格赢得了好评，因此产品在同行业竞争中占据优势，也带来了巨大的经济效益，这些都为"新中式"园林的发展打下了基础。

三、专业动力

（一）从园林历史发展角度看：本土园林是中国园林的发展方向

纵观园林发展史不难发现，园林的产生和发展与社会制度、生产力水平、经济、文化等方面的发展有着密切的关系，可以说园林发展的历史就是一部社会发展的历史。每一个时代的园林必定带着这一时期的时代烙印和社会特点，风景园林事业的发展也在曲折式前进。进入 21 世纪，随着社会的发展和人们生活水平的提高，我国的风景园林学科更是迎来了前所未有的强势发展，城乡面貌发生了巨大的变化，但也带来了一些问题。比如，在规划设计上丢失了民族性、盲目照搬国外风格，创新能力不足，对环境生态问题关注不够等。幸运的是，随着社会的进步，人们在思想观念、生活方式、文化认知等方面也发生着变化。总结历史经验，及时弥补不足，是我国风景园林发展的必由之路。

现代园林景观是在总结我国园林发展的经验教训，借鉴西方发达国家的先进理论和方法的基础上，对发展具有中国特色的现代园林景观设计的一种新的探索，风景园林景观过去几十年的艰辛发展，从侧面说明了园林景观是现代风景园林发展的新方向，勾勒了风景园林未来发展的辉煌前景。

（二）从园林专业教育发展看：包容中外、兼蓄精华是其发展方向

目前，学科目标已经逐步明确，学科队伍也在不断壮大，为我国风景园林的发展提供了充分的理论研究和大量的专业人才。基于现代社会的发展要求，风景园林学科

的范围也在扩大，同时注重科学性和技术性的结合，目前已经扩展到包括传统园林学、城市绿化和大地景物规划在内的三个层次，同时与建筑界城市规划与建筑学专业、农林界观赏园艺专业、艺术界环境艺术专业、地学界区域规划与旅游专业、资源环境界资源与生态专业、管理界旅游管理与资源管理专业六个方面产生了紧密的联系。这些发展变化有力地改变和完善了中华人民共和国成立以来我国风景园林学科发展中存在的不足，使风景园林朝着一个科学的、可持续发展的方向前进。

此外，各国之间的交流与合作日益频繁，这有助于及时学习国外先进的理论和实践经验，有助于深入了解学科内容，增强专业实力，还有助于更好地认识和理解过去与现在、传统与现代，从容面对专业教育的兼容并蓄，为未来发展奠定坚实的基础。由此，中国风景园林也进入新的发展时期，即建设有中国特色的现代园林时期。

（三）从园林规划设计市场发展角度看：走规范化、国际化的道路

随着我国经济改革的不断深入，市场化程度越来越高，园林行业体系也在不断变化并逐步走向成熟，在这个过程中行业内容得到了极大的扩展和丰富。在20世纪90年代以前，园林规划设计单位不多，但特色鲜明。近几年，由于实践项目激增，相关行业（如林业和环境艺术等）以生态和景观的名义，打破行业界限，并渗透到园林规划设计领域，之后园林规划设计也和其他学科，如植物学、城市规划、人文学、建筑学、环境心理学、游憩学、材料学等有了更多的交叉和融合。境外的规划设计公司、留学海外的学者也看重国内园林市场，纷纷加入其中，给中国的园林市场带来了新的思想理念和丰富的实践经验，潜移默化地影响着我国园林行业朝着规范化、国际化方向发展。

四、技术动力

与古典园林相比较，现代园林就是高科技的产物，科学技术渗透到了每一个项目的每一个环节、每一个分支。在一个项目设计的过程中，计算机技术是应用最多的。辅助分析软件有地理信息系统；计算机制图软件有 AutoCAD、Adobe Photoshop、3D Max 等；计算机能提供一个虚拟的"真实"环境，并根据各种比例、参数的计算使设计更加合理、完善。项目施工过程中涉及最多的是生物技术，如林地改造，水体或土壤改良，生态恢复，园林植物的引进、培育、改良等。在完成的项目里还会牵扯到很多其他技术，如光伏发电技术、LED 照明及光纤照明技术、监控电子解说导游系统、新型材料（如防滑防冻裂的铺装材料、快速凝固生态挡墙护坡材料等）。这些技术的应用大大提高了园林的科学性、合理性、生态性、人文性，也拓展了学科范围。

现代技术的快速发展和应用，给风景园林学科的发展插上了腾飞的翅膀中现代技

术和理论的引入，为风景园林的发展提供了新的思维、新的方法论以及更丰富的技术手段和更具表现力的表达方式，给风景园林这一传统学科以全新的展示面貌。现代学科的发展特征，即社会科学和自然科学的相互渗透，促进了各学科之间的融合。现代园林学科以科学技术为主导力量，以保持生态平衡、美化环境为主导思想，以满足大众行为心理为目的，来解决不断出现的现实问题。

第二节　园林景观设计的发展趋势

传统和未来都是相对当下而言的，当下是从传统中走出来的，当下又孕育着未来，我们只有认清当下，才能辨别出传统给予了我们什么，我们又能给予未来什么。剖析现在的问题与机遇，才能创造更好的未来。在园林景观的创造中，我们既不能完全摒弃传统，也不能完全吸纳西方现代园林的成果，在多元文化的冲突、解构、重组、变异之后，走出一条属于中国人的现代园林景观之路。

一、现代园林发展趋势

现代园林景观不仅仅是一种设计技巧和设计风格，还应该是一种生活态度和思维方式，是民族文化、民族精神在当代的反映和折射。随着"宜居"概念的深入人心，人们对环境的要求不仅仅满足于基本的生活需求，建设美丽家园、山水城市，实现带有本土特色又能可持续发展的便捷、舒适、更高生活品质的生存环境已经成为奋斗的目标，所以现代园林景观的发展必将具备以下几个特点。

（一）形式多样化

随着时代的发展，园林的内容和形式不断被丰富和扩展，学科发展越来越完善，分工越来越精细。巨大的历史机遇推动着中国园林的拓展和繁荣，越来越多的人投身到其中，他们的广泛参与为现代园林的发展带来了新的思想，丰富了景观设计的语言。国外的园林形式、理念、技术为我国现代园林注入了新的活力。它们除了原本的形式，在中国本土环境中，与中国元素发生碰撞，变异出更多的形式。另外，人们的需求也越来越多样化。多样化的需求和多种风格相互碰撞、融合，促进我国园林朝着内容符合时代需求且形式更为多样化的方向发展。

（二）发展持续化

可持续发展的理念已经广为人知，"中式"园林景观也必须在这方面与社会发展趋势相符合。"中式"园林景观发展的目标之一是生态园林，即成为一个三维空间、人类和自然生态系统一体化模式的可持续发展的生态体系。它是维持社会、经济、环境三大因素可持续发展的纽带，可以将绿地建设从纯观赏层面提升至生态层面。

生态园林景观包含三个方面的内涵。一是具有完善的自然生态环境系统，建设多层次、多结构、多功能、科学的植物群落，联系大气和土地，组成完整的循环圈。通过植物的生态功能，涵养水源，净化空气，维护生态平衡。二是建立人类、植物、动物相联系的新秩序，达到文化美、艺术美、科学美和生态美。三是应用生态经济效益，推动社会和经济同步发展，实现良性循环。"新中式"园林不仅仅是多种树，增加绿化量那么简单，更要在多层次、多领域全方位覆盖，实现真正的持续化发展。

（三）功能整合化

现代园林已经不仅仅是一个满足人类生活消遣娱乐的场所和美化环境的载体了。随着社会的进步和科学技术的不断发展，人们对园林功能的认识不断提高和深入。其功能概括起来大致分为：景观功能、生态功能、文化功能、经济功能、社会效益。

"中式"园林景观应该在更高水平上整合这些功能，使其在体现科学性、民族性和时代性的同时，发展和承担新的功能。

景观功能是园林最基本的功能，不仅可以遮挡不美观的物体、美化市容，还可以利用园林设计布局使城市具有美感，丰富城市多样性，增强其艺术效果，为人们创造一个美好的生活环境。

园林不仅可以作为日常游玩、休息、娱乐的场所，还具有文化宣传、科普教育的功能。在游览的过程中，通过各种不同类型的景点，寓教于乐。比如，人们在南京中山陵可以了解孙中山一生的丰功伟绩。去西安大唐芙蓉园可以充分地了解盛唐文化。同时可以了解植物学方面的知识，以及地方民俗、风土人情等。

近年来，国家加大对园林景观产业的投入，城市园林已经成为一门新兴的环境产业。园林的经济功能包括两个方面：直接效益和间接效益。直接效益指参观门票、娱乐项目、生产项目等的收入；间接效益指生态效益，是无形的产品。据一些科研部门研究数据表明，间接效益是直接效益的18~20倍。

园林景观化具有一定的社会效益，良好的城市环境可以推动城市经济的发展，并且良好的生活环境还可以减少不良事件的发生，是社会和谐、生活安定的保证。总之，园林事业已经成为一个城市发展、稳定的基础。

（四）行业规范化

"中式"园林景观的发展必将给风景园林行业的发展带来动力，而全行业发展水平的提高，也有利于推动"中式"园林的进一步发展。随着近几年园林事业的飞速发展，专业内容愈发丰富，实践项目增多，对专业教育、传统的行业运作和管理模式都提出了挑战，因此作为一个专门的行业，要想有长远的发展，就必须不断地完善和发展。

首先，"中式"园林景观的发展将推动行业教育的发展。一个合格的园林设计师所需要的专业技能和基本素养主要包括以下几个方面：对环境敏锐的洞察力；对设计中的艺术层面和人文层面意义的理解能力；分析能力和形象思维能力；解决实际技术问题的能力；管理技巧、组织能力、职业道德和行业行为规范。在现行的教育体系中，每个学校按照自己的理解将其安排在不同的学科内，如农业院校里园林专业会被安排到生命科学内，工科院校会将其安排到建筑学科内，艺术院校会将其安排在艺术设计学科内，不同的学科体系下其侧重点也会不一样，培养的能力也不同，综合素质在有些方面做得不到位甚至很欠缺。

其次，要完善行业标准，建立和完善市场准入制度及行业管理制度。目前，我国园林专业的行业标准基本是参照建筑学、规划学标准执行的，但由于园林行业的特殊性，不会在短时间内导致大问题或灾难性的后果，所以没有一些硬性的规定和衡量的标准，导致项目质量参差不齐。因此，应该建立和完善市场准入制度，制定严格的行业管理制度和规范的评定认证机构，根据中国园林市场的定位和划分，对从业的设计师和公司进行资格审查和评定，达到一定的水平参与相应的项目建设，并进行长期的监督和定期的执业能力评估。

二、现代园林景观设计发展趋势

（一）创作理念——传统孕育未来

人类社会的文化发展表现为持续地推陈出新，不是抽刀断水。传统是一个不断变化的开放性的系统，旧的传统与新兴事物或外来事物在现实中不断地碰撞、结构、重组、变异，形成新的传统，新的传统再演变为旧的传统，往复循环向前行。它生存在现代，联系着过去，孕育着未来。

历史主义原则认为，随着时间产生的一切事物都是暂时的，它产生、发展，也必将消亡。传统景观的消亡是我们必须面对的事实，但我们没有必要执着在它的表面和形态上而不断地模仿它。一个新传统应该汲取的是旧传统的精华，中式园林景观应该探索传统园林所表达的造园理念和目标以及隐藏在造园事件背后的精神追求。在此基础上还应多借鉴吸收西方园林的发展成果，融合现代先进的设计语言，借鉴多学科的研究成果，使"新中式"园林景观朝着一个现代化的方向复合、变异，既传承过去，又开创未来。

（二）创作立意——现代人的现代园林

在古代造园时，园主人有相当大的权力决定造一个什么样的园子，因为这个园子是为他服务的，他很清楚自己的需求。现代园林设计者很多时候并不是园子的使用者，设计师在不了解使用者需求的情况下，根据自己固有的经验，呈现出诸如"生态性""区域性""乡土景观"等概念，园林景观设计已经成为一种按部就班的程式化工作，这样做不会出现大错，但没有新意。"中式"园林景观设计中，我们要从使用者的审美与需求、当地的自然条件、场地的环境条件出发，从文脉、人脉、地脉各个角度去考量，不局限于为了传承而传承，创造出有内涵又实用的现代园林。

（三）创作手法——原则性、适宜性、多样性

全球文化大交流的背景，加上高新技术的广泛应用，使园林景观创作手法呈现出多样化，即使有同样的理念和立意也会有不同的表达方式。在明确的理念和清晰的立意下选择"新中式"园林景观表达的方式，应遵循原则性、适宜性、多样性统一协调的创作手法，对"新中式"园林进行创作。

（1）原则性

"中式"园林景观的创作虽然是在一个开放、多元的氛围中进行的，但还是应该注意一些原则的把握，立足于场地的人脉、地脉、文脉，尊重地域特色，融合场地周边环境和城市肌理，在可持续发展和满足民族精神需求的前提下设计与当地生活相统一、相协调的"新中式"园林。

（2）适宜性

在全球文化频繁交流的当下，外来文化对本土文化的影响不可抵挡，中国园林景观在经历了传统与现代、外来与本土冲突融合之后，更深切地了解了"因地制宜"的含义。在"中式"园林的创造过程中，了解场地文化和地域特征的前提下，立足于社会经济、创作环境、人际交往等实际条件，寻求有效合理的创造方向。

（3）多样性

"中式"园林景观的设计应从多角度去考虑和进行，而不能局限于单一的风格或元素中，园林景观中涉及的每一个要素都可以成为设计特征，场地地脉、周边环境、本土植物、建筑形体、色彩及地域文化等都可以成为灵感的来源，而不只是限定在"中式风格""曲径通幽"等固定模式中。

总体来说，现代园林景观延续了中国古典园林景观的脉络，吸收了众多新技术、新材料、新设计语言，不断地丰富和充实着世界园林体系。在全球文化日益交融的背景下，这不仅是中国园林事业的进步，也是世界园林事业的进步。对中国园林景观而言，"中式"园林景观的发展不仅是园林景观学科的发展，更体现了中国社会的发展和进步。

现代园林景观作为表达社会文化的重要形式之一、社会可持续发展的重要内容、创建和谐社会的重要基础之一，在提高全民生活质量、建设可持续发展、加快城市化建设等方面发挥着不可替代的作用。

三、集约型现代园林景观设计的趋势

我国是一个人口众多、资源相对不足的国家，随着经济的迅猛发展，我国多项建设出现了资源浪费和资源过量攫取的现象和问题，造成了资源的不足和环境的破坏。为此，我国政府提出了坚持科学发展观、建设节约型社会的政策。由此看来，将科学发展观和建设节约型社会的理念融入园林设计中，并发展成为集约型园林设计是如今景观设计的必由之路，也是重要趋势。

集约型园林景观设计是集约型园林体系的一个重要方面，集约型园林体系是一个综合体系，是由经济、历史、文化、能源、生态等多方面因素互相作用、互相影响的体系，它是建立在园林发展与社会、经济发展相协调的基础之上的，因此，包括集约型园林景观设计在内的集约型园林体系是未来的发展趋势。

（一）土地资源的集约

集约型园林景观设计是将原有的要素进行优化集约，目的是实现资源的合理利用，土地资源是指已经被人类利用或未来可能被人类利用的土地，具有总量有限、稀缺性、可持续性等特点，加之土地资源是园林景观的物质基础，因此实现土地资源的集约是未来园林景观设计的趋势。

园林景观设计应避免土地浪费，实现土地的多重利用效果，在同一块土地上建设不同的建筑项目，从而实现土地空间的立体性效果。园林景观设计有效利用废弃的土地，将废弃的工厂或关闭的公园在生态方面进行恢复之后，再次成为园林景观，这种可持续的做法成为很多发达国家应用的方法。

土地集约的主要对策有以下几点：① 利用复合绿地，最大限度地提高土地的利用率。比如，公园的草坪可以与应急停机场相结合，不仅可以完成绿化功能，也能提高土地的使用功能。② 保护优质绿地，重新利用不良生态用地。做好因地制宜，将一些不良生态用地，如盐碱地、废弃工厂等重新利用。③ 在进行土地集约的过程中，严格执行城市绿化规划建设指标的规定，不得轻易降低绿化指标。例如，屋顶花园。屋顶花园目前在国内外均有广泛的应用。屋顶绿化具有以下重要意义：屋顶绿化可以增加城市绿地面积，改善日趋恶化的人类生存环境空间；改善城市高楼大厦林立缺少自然土地和植物的现状；改善热岛效应以及沙尘暴等对人类的危害；可以开拓人类绿化空间，建造田园城市，改善人们的居住条件，提高生活质量；还可以美化城市环境，改善生态效应。

（二）山水、植被等资源的集约

保护不可再生的资源、实现资源价值最大化是园林设计集约趋势的体现之一。山水、植被等资源是地球上的稀缺资源，如果浪费资源，其后果不堪设想，这是人类生活的必需品，也是人类的共同财富。

园林景观设计应该慎用这些资源，最大限度地保持这些资源的原貌，或对这些资源进行巧妙的合理化的运用。以自然为主体是保护自然资源的途径之一，随着自然生态系统的严重退化和人类生存环境的日益恶化，人们对自然与人类的关系的认识发生了根本性的变化。人是自然中的一员，园林景观设计要遵循人的审美情趣，将自然资源看作原材料。

重视山水等资源的宝贵价值是集约型资源开发与利用的重要表现，所以需要提高水土保持能力，保护现有的自然资源，调整资源结构以促进生物多样性的发展，从而确定自然资源的长久保持及良性的循环利用。

水资源集约的途径：① 在设计的过程中要充分考虑植物的需水量，按照需水量将不同的植物进行集中规划和配置，如将耐旱植物与喜水植物进行分类设计规划；② 在草坪的设计中，尽量使用耐旱植物或节水植物进行配置，尽量控制植物的需水量；③ 在设计的过程中，将植物置于集水地形中，便于雨水资源的利用，从而杜绝水资源的浪费。

（三）能源的集约

新技术的采用往往可以成倍地减少能源和资源的消耗。例如，成都武侯祠景区打造了雨水收集利用的景观，为市民提供了休息、游憩的场所。在我国北方的内蒙古、张家口、东北三省各地都有一种新能源发电装配——大风车发电机。大风车发电机安装的风光互补路灯可以将风能和太阳能转化为电能，解决照明的问题。

大量的节能景观建筑、生态建筑见证了人类生态环境建设的足迹。园林建筑设计使建筑与环境之间成为一个有机整体，良好的室内气候条件和较强的生物气候调节能力，满足了人们生活、工作中对舒适、健康和可持续发展的需求。

最近几年，景观园林的浪费情况比较严重，"低碳"成为园林景观设计的关键理念之一。能源集约的策略包括以下几点：第一，降低煤炭能源的消耗。电能主要靠煤炭的燃烧，而煤炭使用率越高、废气排放量越大，在这个恶性循环中，降低煤炭资源的消耗就成了主要途径。第二，选择低碳材料。在园林设计中，园林材料既包括铺装、玻璃等材料，又包括木材、花卉等材料，应该减少对新型、人工、高碳材料的使用。对低碳、乡土材料的合理使用不仅能够减少资源浪费，还能充分体现历史地域特色，第三，保留自然状态。降低能源的使用，要尽可能保留自然的原貌，保护自然的生态平衡状态。

四、生态与艺术相结合的现代园林景观设计趋势

（一）生态园林理念的趋势

生态园林是一门包含环境艺术学、园艺学、风景学、生态学等诸多科目的综合类科学。生态园林可以诠释为以下几点：对自然环境进行模拟，减少人工建筑的成分；尽可能地减少投入、大收益；依照自然规律进行设计。生态设计是通过构建多样性景观对整体空间进行生态合理的配置，尽量增加自然生态要素，追求整体生产力健全的景观生态结构。

绿化是城市绿地生态功能的基础。因此，在植物造景的过程中，要尽可能使用乔木、灌木、草等来提高叶面积指数，提高绿化的光合作用，以创造适宜的小气候环境，降低建筑物的夏季降温和冬季保温的能耗。同时，根据功能区和污染性选择耐污染和抗污染的植物，发挥绿地对污染物的覆盖、吸收和同化等作用，降低污染程度，促进城市生态平衡。因此，在生态园林景观设计中，基本理念就是在园林景观中，充分利用土壤、阳光等自然条件，根据科学原理及基本规律，建造人工的植物群落，创造人类与自然有机结合的健康空间。因地制宜、突出特色、风格多样是园林景观设计中生态趋势的要求。依据设计场域内的阳光、地形、水、风、能量等自然资源结合当地人文资源，进行合理的规划和设计，将自然因素和人文因素合二为一。

（二）艺术性在园林设计中的趋势

园林是一门综合艺术，它融合了书法、工艺美学、艺术美学、建筑学、美术学及各种学科。如今，商业化气息遍布各个学科，如何创造出具有艺术性的园林景观成为园林景观设计师常常需要考虑的问题，因此园林的艺术性在设计中就显得尤为重要。

1.遵循空间布局的艺术性

这条法则包含了布局的美观和合理，这就要求设计师注重园林的空间融合，注重空间的灵活运用。园林构图要遵循艺术美法则，使园林风景在对比与微差、节奏与韵律、均衡与稳定、比例与尺度等方面相互协调，这是园林设计中的一个非常重要的因素。

园林的空间布局是园林规划设计中一个重要的步骤，是根据计划确定所建园林的性质、主题、内容，结合选定园址的具体情况，进行总体的立意构思，对构成园林的各种重要因素进行综合的全面安排，确定它们的位置和相互关系。

2.园林绿化植物的艺术性

园林艺术中的植物造景有着美化和丰富空间的作用，园林中许多景观的形成都与

花木有着直接或间接的联系。植物种植的艺术性不仅包括植物的习性，还有植物的外形和植物之间搭配的协调性。

任何一个好的艺术作品的产生都是人们主观感情和客观环境相结合的产物，不同的园林形式决定了不同的环境和主题。物种的内容与形式的统一是达到植物配景审美艺术的方法。

第六章 园林工程施工

第一节 园林工程施工概念

一、园林工程施工项目及其特点

（一）综合性

园林工程具有很强的综合性和广泛性，它不仅仅是简单的建筑或者种植，还要在建造过程中，遵循美学特点，对所建工程进行艺术加工，使景观达到一定的美学效果，从而达到陶冶情操的目的；同时，园林工程中因为具有大量的植物景观，所以还要具有园林植物的生长发育规律及生态习性、种植养护技术等方面的知识，这势必要求园林工程人员具有很高的综合能力。

（二）复杂性

我国园林大多是建设在城镇或者自然景色较好的山水之间，而不是广阔的平原地区，所以其建设位置地形复杂多变，因此对园林工程施工提出了更高的要求。在准备期间，一定要重视工程施工现场的科学布置，以便减少工程期间对于周边生活居民的影响和成本的浪费。

（三）规范性

在园林工程施工中，建造一个普普通通的园林并不难，但是怎样才能建成一个不落俗套，具有游览、观赏和游憩功能，既能改善生活环境又能改善生态环境的精品工程，就成了一个具有挑战性的难题。因此，园林工程施工工艺总是比一般工程施工的工艺复杂，对于其细节要求也就更加严格。

（四）专业性

园林工程的施工内容较普通工程来说要相对复杂，各种工程的专业性很强。不仅园林工程中亭、榭、廊等建筑的内容复杂各异，现代园林工程施工中的各类点缀工艺品也各自具有不同的专业要求，如常见的假山、置石、水景、园路、栽植播种等工程技术，其专业性也很强。这都需要施工人员具备一定的专业知识和专业技能。

二、园林工程建设的作用

园林工程施工是完成园林工程建设的重要活动，其作用可以概括为以下几个方面：

（1）园林工程施工是园林工程建设计划和设计得以实施的根本保证。任何理想的园林建设工程项目计划，任何先进科学的园林工程建设设计，均需通过现代园林工程施工企业的科学实施，才能得以实现。

（2）园林工程施工是园林工程建设理论水平得以不断提高的坚实基础。一切理论都来自实践，来自最广泛的生产实践活动。园林工程建设的理论自然源于工程建设施工的实践过程。而园林工程施工的实践过程，就是发现施工中的问题并解决这些问题，从而总结和提高园林工程施工水平的过程。

（3）园林工程施工是创造园林艺术精品的必经之途。园林艺术的产生、发展和提高的过程，就是园林工程建设水平不断发展和提高的过程。只有把经过学习、研究、发掘的历代园林艺匠的精湛施工技术及巧妙手工工艺，与现代科学技术和管理手段相结合，并在现代园林工程施工中充分发挥施工人员的智慧，才能创造出符合时代要求的现代园林艺术精品。

（4）园林工程施工是锻炼、培养现代园林工程建设施工队伍的最好办法。无论是对理论人才的培养，还是对施工队伍的培养，都离不开园林工程建设施工的实践锻炼这一基础活动。只有通过实践锻炼，才能培养出作风过硬、技艺精湛的园林工程施工人才和能够达到走出国门要求的施工队伍。也只有力争走出国门，通过国外园林工程施工的实践，才能锻炼和培养出符合各国园林要求的园林工程建设施工队伍。

三、园林施工技术

（一）园林施工要点与内容

1. 园林施工的要点

第一，随着中华人民共和国行业标准《城市绿化工程施工及验收规范》的颁布，为城市绿化工程施工与验收提供了详细具体的标准。按照规范，严格按批准的绿化工程设计图纸及有关文件施工，对各项绿化工程的建设全过程实施全面的工程监理和质量控制。

第二，任何工程在施工前都应该做好充分的准备，园林工程施工前的准备主要是熟悉施工图纸和施工现场。施工图纸是描述该工程工作内容的具体表现，而施工现场则是基础。因此，熟悉施工图及施工场地是一切工程的开始。熟悉园林施工图要了解如何施工而且要领悟设计者的意图及想达到的目的；熟悉园林施工图可以了解该工程的投资要点、景观控制点在那里，施工过程中的重点控制。熟悉施工图与施工现场情况，并充分地把两者结合起来，在掌握设计意图的基础上，根据设计图纸对现场进行核对，编制施工计划书，认真做好场地平整、定点放线、给排水工程前期工作。

第三，在施工过程中要做到统一领导，各部门、各项目要做到协调一致，使工程建设能够顺利进行。

2.园林施工的内容

第一，做好工程概预算，为工程施工做好施工场地、施工材料、施工机械、施工队伍等方面的准备。

第二，合理计划，根据对施工工期的要求，组织材料、施工设备、施工人员进入施工现场，计划好工程进度，保证能连续施工。

第三，施工组织机构及人员，施工组织机构需明确工程分几个工程组完成，以及各工程组的所属关系及负责人。注意不要忽略养护组，人员安排要根据施工进度计划，按时间顺序安排。

第四，园林施工是一项严谨的工程，施工人员在施工过程中必须严格按照施工图纸进行施工，不可按照自己的意愿随意施工，否则将会对整个园林工程造成不可挽回的后果。园林工程施工就是按设计要求设法使园林尽可能地发挥自身的作用。所以说设计是园林工程的灵魂，离开了设计，园林工程的施工将无从下手：如不严格按照施工图纸施工，将会歪曲整个设计意念，影响绿化美化效果。

（二）苗木的选择

在选择苗木时，先看树木姿态和长势，再检查有无病虫害，应严格遵照设计要求，选用苗龄为青壮年期有旺盛生命力的植株；在规格尺寸上应选用略大于设计规格尺寸，这样才能在种植修剪后，满足设计要求。

1.乔木干形

第一，乔木主干要直，分枝均匀，树冠完整，忌弯曲和偏向，树干平滑无大结节（大于直径 20mm 的未愈合的伤害痕）和突出异物。

第二，叶色：除叶色种类外，通常叶色要深绿，叶片光亮。

第三，丰满度：枝多叶茂，整体饱满，主树种枝叶密实平整，忌脱脚（脱脚即指植物下部的枝叶枯黄脱落的现象。）

第四，无病虫害：叶片通常不能发黄发白，无虫害或大量虫卵寄生。

第五，树龄：3~5年壮苗，忌小老树，树龄用年轮法抽样检测。

2.灌木干形

① 分枝多而低度为好，通常第1分枝应3枝以上，分枝点不宜超过30cm。

② 叶色：绿叶类叶色呈翠绿，深绿，光亮，色叶类颜色要纯正。

③ 丰满度：灌木要分枝多，叶片密集饱满，特别是一些球类，或需要剪成各种造型的灌木，对枝叶的密实度要求较高。

④ 无病虫害：植物发病叶片由绿转黄，发白或呈现各色斑块。观察叶片有无被虫食咬，有无虫子，或大量虫卵寄生。

（三）绿化地的整理

绿化地的整理不只是简单地清掉垃圾，拔掉杂草，该作业的重要性在于为树木等植物提供良好的生长条件，保证根部能够充分伸长，维持活力，吸收养料和水分。因此，在施工中不得使用重型机械碾压地面。

① 要确保根域层有利于根系的伸长平衡。一般来说，草坪、地被根域层生存的最低厚度为15cm，小灌木为30cm，大灌木为45cm，浅根性乔木为60cm，深根性乔木为90cm；而植物培育的最低厚度在生存最低厚度基础上草坪地被、灌木各增加15cm，浅根性乔木增加30cm，深根性乔木增加60cm。

② 确保适当的土壤硬度。土壤硬度适当可以保证根系充分伸长和维持良好的通气性和透水性，避免土壤板结。

③ 确保排水性和透水性。所以填方整地时要确保团粒结构良好，必要时可设置暗渠等排水设施。

④ 确保适当的pH值。为了保证花草树木的良好生长，土壤pH值最好控制在5.5~7.0或根据所栽种植物对酸碱度的喜好而做调整。

⑤确保养分。适宜植物生长的最佳土壤是矿物质45%，有机质5%，空气20%，水30%。

（四）苗木的栽植

栽植时，在原来挖好的树穴内先根据情况回填虚土，再垂直放入苗木，扶正后培土。苗木回填土时要踩实，苗木种植深度保持原来的深度，覆土最深不能超过原来种植深度5cm；栽植完成后由专业技术人员进行修剪，伤口用麻绳缠好，剪口要用漆涂盖。在风大的地区，为确保苗木成活率，栽植完成后应及时设硬支撑。栽完后要马上浇透水，第二天浇第二遍水，3~5天浇第三遍水，一周后浇水转入正常养护，常绿树及在反季

园林景观设计及施工管理研究

节栽植的树木要注意喷水，每天至少 2~3 遍，减少树木本身水分的蒸发，提高成活率。浇第一遍水后，要及时对歪树进行扶正和支撑，对于个别歪斜相当严重的需重新栽植。

（五）苗木的养护

园林工程竣工后，养护管理工作极为重要，树木栽植是短期工程，而养护则是长期工程，各种树木有着不同的生态习性、特点，要使树木长得健壮，充分发挥绿化效果，就要给树木创造足以满足其需要的生活条件，以及对水分的需求，既不能缺水而干旱，也不能因水分过多使其遭受水涝灾害。

灌溉时要做到适量，最好采取少灌、勤灌、懂灌的原则，必须根据树木生长的需要，因树、因地、因时制宜地合理灌溉，保证树木随时都有足够的水分供应。当前生产中常用的灌水方法是树木定植以后，一般乔木需连续灌水 3~5 年，灌木最少 5 年，土质不好或树木因缺水而生长不良以及干旱年份，则应延长灌水年限。每次每株的最低灌水量——乔木不得少于 90kg，灌木不得少于 60kg。灌溉常用的水源有自来水、井水、河水、湖水、池塘水、经化验可用的废水。灌溉应符合的质量要求有灌水堰应开在树冠投影的垂直线下，不要开得太深，以免伤根；水量充足；水渗透后及时封堰或中耕，切断土壤的毛细管，防止水分蒸发。

盐碱地绿化最为重要的工作是后期养护，其养护要求较普通绿地标准更高、周期更长，养护管理的好坏直接影响到绿化效果。因此，苗木定植后，及时抓好各个环节的管理工作，疏松土壤、增施有机肥和适时适量灌溉等措施，可在一定程度上降低盐量。冬季风大的地区、温度低，上冻前需浇足冻水，确保苗木安全越冬。由于在盐分胁迫下树木对病虫害的抵抗能力下降，需加强对病虫害的治理力度。

第二节　园林土方工程施工

一、施工前的准备工作

（一）场地清理

场地清理就是在土方施工范围内，将场地地面和地下的一些影响土方施工的障碍物进行清理。比如一些废旧的建筑物的拆除，通信设备、地下建筑、水管的改建，已有树木的移植，池塘的挖填等。这些工作应由专业拆卸公司进行，但必须得到业主单位的委托。由于旧有的水电设施可能已经拆除或改建，因此，需要为土方施工修建临时的水电设施和临时道路。然后还要为施工材料和施工机械的进场做准备。

（二）排水

施工场地内一些坑坑洼洼部分会有积水，这将影响工程的施工质量，在开工之前，应将这些积水排除，保持场地的干燥。在进行排水时，最好设置排水沟将水排到场外，而排水沟应设置在场地的外围，以免影响施工。如果施工区域的地形比较低，则要修建挡水土坝，用来隔断雨水。

（三）定点放线

按照前期规划的设计图纸，在施工区域内利用测量仪器进行定点放线。定点放线工作能够确定施工区域以及区域内的挖填标高。测量时应保证数据的精确，不同的地形放线方法也不同。

1.平整地形的放线

在平整场地内，应用经纬仪进行测设，在交点处设立桩木。对于边界处的桩木应严格按照设计图纸进行设置。桩木的下端应该削尖，这样容易钉入土中，并在桩木上标出桩号和标高。

2.自然地形的放线

在这样的地形上，应首先把施工设计图上的方格网测设到地面上，然后确定等高线和方格网的交点。接着就是将这些交点标到地面上，并在上面进行打桩，在桩木上表明桩号和标高。为避免桩被填土埋在下面，桩的高度应高于填土的高度。对于较高的山体，一般采用分层放线。

挖湖工程的放线和山体的放线一般是差不多的，但挖湖工程的水体部分放线一般比较粗放。岸上的放线一般比较精确，因为这关系到水体边坡的稳定性。

在开挖槽时，打桩放线的方法就不适合了，一般采用龙门板。因为在开挖槽施工中，桩木容易移动，这将严重影响后期的校核工作，所测数据可靠度得不到保证。而龙门板的构造相对简单，使用起来也比较方便。龙门板的设置间距应根据沟渠纵坡的情况确定。在板上要标清楚沟渠的中心线位置以及沟上口、沟底的宽度等。一般在龙门板上还会设置坡度板，用来控制沟渠的纵坡。

二、园林土方工程施工

土方工程施工包括挖、运、填、压四个内容。其施工方法可采用人力施工也可采用机械化或半机械化施工。这要根据场地条件、工程量和当地施工条件决定。在规模较大、土方较集中的工程中，采用机械化施工较经济；但对工程量不大、施工点较分散的工程或因受场地限制，不便采用机械施工的地段，应该用人力施工或半机械化施工，以下按上述四个内容简单介绍：

（一）施工准备

有一些必要的准备工作必须要在土方施工前进行。如施工场地的清理；地面水排除；临时道路修筑；油燃料和其他材料的准备；供电线路与供水管线的敷设；临时停机棚和修理间的搭设等；土方工程的测量放线；土方工程施工方案编制等。

（二）土方调配

为了使园林施工的美观效果和工程质量同时符合规范要求，土方工程要涉及压实性和稳定性指标。施工准备阶段，要先熟悉土壤的土质；施工阶段要按照土质和施工规范进行挖、运、填、堆、压等操作。施工过程中，为了提高工作效率，要制定合理的土石方调配方案。土石方调配是园林施工的重点部分，施工工期长，对施工进度的影响较大，一定要做好合理的安排和调配。

（三）土方的挖掘

1.人力施工

施工工具主要是锹、铺、钢钎等，人力施工不但要组织好劳动力而且要注意安全和保证工程质量。

①施工者要有足够的工作面，一般平均每人应有 4~6m^2。

②开挖土方附近不得有重物及易坍落物。

③在挖土过程中，随时注意观察土质情况，要有合理的边坡，必垂直下挖者，松软土不得超过 0.7m。中等密度者不超过 1.25m，坚硬土不超过 2m，超过以上数值的须设支撑板或保留符合规定的边坡。

④挖方工人不得在土壁下向里挖土，以防坍塌。

⑤在坡上或坡顶施工者，要注意坡下情况，不得向坡下滚落重物。

⑥施工过程中注意保护基桩、龙门板或标高桩。

2.机械施工

主要施工机械有：推土机、挖土机等在园林施工中推土机应用较广泛，例如在挖掘水体时，以推土机推挖，将推至水体四周，再行运走或堆置地形。最后岸坡用人工修整。用推土机挖湖挖山，效率较高，但应注意以下几个方面：

（1）推土前应识图或了解施工对象的情况

在动工之前应向推土机手介绍拟施工地段的地形情况及设计地形的特点，最好结合模型，使之一目了然。另外，施工前还要了解实地定点放线情况，如桩位、施工标高等。这样施工起来司机心中有数，推土铲就像他手中的雕塑刀。能得心应手，随心所欲地按照设计意图去塑造地形。这一点对提高施工效率有很大关系，这一步工作做得好，在修饰山体（或水体）时便可以省去许多劳力、物力。

（2）注意保护表土

在挖湖堆山时，先用推土机将施工地段的表层熟土（耕作层）推到施工场地外围，待地形整理停当，再把表土铺回来，这样做较麻烦费工，但对公园的植物生长却有很大好处。

（四）土方的运输

一般竖向设计都力求土方就地平衡，以减少土方的搬运量，土方运输是较艰巨的劳动，人工运土一般都是短途的小搬运。车运人挑，这在有些局部或小型施工中还经常采用。运输距离较长的，最好使用机械或半机械化运输。不论是车运或人挑，运输路线的组织很重要，卸土地点要明确，施工人员随时指点，避免混乱和窝工。如果使用外来土垫地堆山，运土车辆应设专人指挥，卸土的位置要准确，否则乱堆乱卸，必然会给下一步施工增加许多不必要的小搬运，从而浪费了人力物力。

（五）土方的填筑

填土应该满足工程的质量要求，土壤的质量要根据填方的用途和要求加以选择，在绿化地段土壤应满足种植植物的要求，而作为建筑用地则要以将来地基的稳定为原则。利用外来土垫地堆山，对土质应该检定放行，劣土及受污染的土壤，不应放入园内以免将来影响植物的生长和妨害游人健康。

第一，大面积填方应该分层填筑，一般每层20~50cm，有条件的应层层压实。

第二，在斜坡上填土，为防止新填土方滑落，应先把土坡挖成台阶状，然后再填方。这样可保证新填土方的稳定。

第三，辇土或挑土堆山。土方的运输路线和下卸，应设计的山头为中心结合来土方向进行安排。一般以环形线为宜，车辆或人挑满载上山，土卸在路两侧，空载的车（人）沿路线继续前行下山，车（人）不走回头路不交叉穿行，所以不会顶流拥挤。随着卸土，山势逐渐升高，运土路线也随之升高，这样既组织了人流，又使土山分层上升，部分土方边卸边压实，这不仅有利于山体的稳定，山体表面也较自然。如果土源有几个来向，运土路线可根据设计地形特点安排几个小环路，小环路以人流车辆不相互干扰为原则。

（六）土方的压实

人力夯压可用夯、破、碾等工具；机械碾压可用碾压机或用拖拉机带动的铁碾。小型的夯压机械有内燃夯、蛙式夯等。如土壤过分干燥，需先洒水湿润后再行压实。在压实过程中应注意以下几点：

① 压实工作必须分层进行。

② 压实工作要注意均匀。

③ 压实松土时夯压工具应先轻后重。

④ 压实工作应自边缘开始逐渐向中间收拢，否则边缘土方外挤易引起坍落。

（七）土壁支撑和土方边坡

土壁主要是通过体内的黏结力和摩擦阻力保持稳定的，一旦受力不平衡就会出现塌方，不仅会影响工期，还会造成人员伤亡，危及附近的建筑物。出现土壁塌方主要有以下四个原因：

第一，地下水、雨水将土地泡软，降低了土体的抗剪强度，增加了土体的自重，这是出现塌方的最常见原因。

第二，边坡过陡导致土体稳定性下降，尤其是开挖深度大、土质差的坑槽。

第三，土壁刚度不足或支撑强度破坏失效导致塌方。

第四，将机具、材料、土体堆放在基坑上口边缘附近，或者车辆荷载的存在导致土体剪应力大于土体的抗剪强度。为了确保施工的安全性，基坑的开挖深度到达一定限度后，土壁应该放足边坡，或者利用临时支撑稳定土体。

（八）施工排水与流沙防治

在开挖基坑或沟槽时，往往会破坏原有地下水文状态，可能出现大量地下水渗入基坑的情况。雨季施工时，地面水也会大量涌入基坑。为了确保施工安全，防止边坡垮塌事故发生，必须做好基坑降水工作。此外，水在土体内流动还会造成流沙现象。如果动水压力过大则在土中可能发生流沙现象。所以防止流沙就要从减小或消除动水压力入手。防治流沙的方法主要有水下挖土法、打板桩法、地下连续墙法、井点降水等。

① 水下挖土法的基本原理是使基坑坑内外的水压互相平衡，从而消除动水压力的影响。如沉井施工，排水下沉，进行水中挖土、水下浇筑混凝土，是防治流沙的有效措施。

② 打板桩法的基本原理是将板桩沿基坑周遭打入，从而截住流向基坑的水流。但是此法需注意一定要板桩必须深入不透水层才能发挥作用。

③ 沿基坑的周围先浇筑一道钢筋混凝土的地下连续墙，以此起到承重、截水和防流沙的作用。

④ 井点降水法施工复杂，造价较高，但是它同时对深基础施工起到很好的支护作用。

以上这些方法都各有优势与不足，而且由于土壤类型颇多，现在还很难找到一种方法可以一劳永逸地解决流沙问题。

第三节 园林绿化工程施工

一、园林绿化的特点与作用

（一）园林绿化工程的概念

园林工程包括水景、园路、假山、给排水、造地形、绿化栽植等多项内容，无论哪一项工程，从设计到施工都要着眼于完工后的景观效果，营造良好的园林景观。绿化工程是园林工程的主体部分，其具有调节人类生活和自然环境的功能，发挥着生态、审美、游憩三大效益，起着悦目怡人的作用。它包括栽植和养护管理两项工程，这里所说的栽植是指广义上的栽植，其包括"起苗""搬运""种植"三个基本环节的作业。绿化工程的对象是植物，有关植物材料的不同季节的栽植、植物的不同特性、植物造景、植物与土质的相互关系、依靠专业技术人员施工以及防止树木植株枯死的相应技术措施等，均需要认真研究，以发挥良好的绿化效益。

（二）园林绿化工程的特点

1.园林绿化工程的艺术性

园林绿化工程不仅仅是一座简单的景观雕塑，也不仅仅是提供一片绿化的植被，它是具有一定的艺术性的，这样才能在净化空气的同时能够带给人们精神上的享受和感官的愉悦。自然景观还要充分与人造景观相融相通，满足城市环境的协调性的需求。设计人员在最初进行规划时，就可以先进行艺术效果上的设计，在施工过程中还可以通过施工人员的直觉和经验进行设计上的修饰。尤其是在古典建筑或者标志性建筑周围建设园林绿化工程的时候，更要讲究其艺术性，要根据施工地的不同环境和不同文化背景进行设计，不同的设计人员会有不同的灵感和追求，设计和施工的经验和技能也是有所差别的，因此有关施工和设计人员要不断地提升自己的艺术性和技能，这也是对园林绿化人员提出的要求。

2.园林绿化工程的生态性

园林绿化工程具有强烈的生态性，现代化进程的不断加进，让人口与资源环境的发展及其不协调，人们生存的环境质量也一再下降，生态环境的破坏和环境污染已经带来了一系列的负效应，也直接影响了人们的身体健康和精神的追求，间接地也使得经济的发展受到了限制。因此，为了响应可持续发展的号召，为了提高人们赖以生存的环境质量，就要加强城市的园林绿化工程建设力度，各城市管理部门要加强这方面的重视程度。这种园林绿化工程的生态性也成为这个行业关注的焦点。

3. 园林绿化工程的特殊性

园林绿化工程的实施对象具有特殊性，由于园林绿化工程的施工对象都是植物居多，而这些都是有生命的活体，在运输、培植、栽种和后期养护等各个方面都要有不同的实施方案，也可以通过这种植物物种的丰富的多样性和植被的特点及特殊功效来合理配置景观，这也需要施工和设计人员具有扎实的植物基础知识和专业技能，对其生长习性、种植注意事项、自然因素对其的影响等都了如指掌，才能设计出最佳的作品，这些植物的合理设计和栽种可以净化空气、降温降噪等，并且可以为喧嚣的人们提供一份宁静与安逸，这也是园林绿化工程与其他城市建设工程相比具有突出特点的地方。

4. 园林绿化工程的周期性

园林绿化工程的重要组成部分就是一些绿化种植的植被，因此，其季节性较强，具有一定的周期，要在一定的时间和适宜的地方进行设计和施工，后期的养护管理也一定要做到位，保证苗木等植物的完好和正常生长，这是一个长期的任务，同时也是比较重要的环节之一，这种养护具有持续性，需要有关部门合理安排，才能确保景观长久的保存，创造最大的景观收益。

5. 园林绿化工程的复杂性

园林绿化工程的规模一般很小，却需要分成很多个小的项目，施工时的工程量也小而散。这就为施工过程的监督和管理工作带来了一定的难度。在设计和施工前要认真挑选合适的施工人员，不仅要掌握足够的知识面，还要对园林绿化的知识有一定的了解，最后还要具备一定的专业素养和德行，避免施工单位和个人在施工时不负责的偷工减料和投机取巧，确保工程的质量。由于现在的城市中需要绿化的地点有很多，比如公园、政府、广场、小区甚至道路两旁等，园林绿化工程的形式也越来越多样化，因此今后园林绿化工程的复杂程度也会逐渐提高，这也对有关部门提出了更高的要求。

（三）园林绿化的作用

园林绿化的施工能对原有的自然环境进行加工美化，在维护的基础上再创美景，用模拟自然的手段，人工的重建生态系统，在合理维护自然资源的基础上，增加绿色植被在城市中的覆盖面积，美化城市居民的生活环境；园林绿化工程为人们提供了健康绿色的生活地、休闲场所。在发挥社会效益的同时，园林工程也获得了巨大的社会效益；人类建造的模拟自然环境的园林能够使植物动物等在一个相对稳定的环境栖息繁衍，为生物的多样性创造了相对良好的条件；在可持续发展和城市化的进程中，园林建设增加了绿色植被的覆盖面积，美化了城市环境，提高了居民生活的环境质量，能促使人们的身心健康发展，也发扬了本民族的优秀文化，为城市的不断发展、人们生活的不断进步做出了自己的贡献。

二、园林绿化施工技术

（一）园林绿化施工技术的特点

1.施工技术措施准备工作

施工技术准备是园林绿化工程准备阶段的核心。为了能够在拟建工程开工之前，使从事施工技术和经营管理的人员充分了解、掌握设计图纸的设计意图、结构与特点和技术要求，做出施工技术工作的科学合理规划，从根本上保证施工质量，技术措施管理方面注重科技和施工条件的结合，必须要综合考虑技术性和经济性相结合的道路，对技术上的应用给予大幅度的控制。

2.注重施工配合

园林绿化施工的配合在一定程度上反映了施工技术的成熟性和稳定性，很多时候施工的统筹配合对工程项目的成本控制和进度控制是起决定性作用的，所以要明确施工配合要点与施工的多样性、相互性、多变性、观赏性以及施工规律性。园林绿化施工过程中大多事项是交错进行的，要配合的施工不是单方面的，而是多方面的。

施工的相互进行，且随着施工的进度、质量和条件时刻变化，需要抓好计划组织、资源管理以及工艺工序的管理，统一安排施工的计划，强化施工项目部指挥功能，针对施工的协调、管理和服务，以及建设单位和监理单位的配合，加大组织计划管理，从而进一步加强施工配合力度。

（二）园林绿化工程施工流程

园林绿化工程施工主要由两个部分组成，前期准备和实施方案。其中园林绿化工程的前期准备，主要包括三个方面：技术准备、现场准备和苗木及机械设备准备。园林绿化工程的实施方案又由施工总流程、土质测定及土壤改良、苗木种植工程三个主要的部分构成。重点是苗木种植流程，选苗—加工—移植—养护。

（三）园林绿化工程施工技术要点

1.施工前的技术要点

一项高质量的园林绿化工程的完成，离不开完善的施工前的准备工作。它是对需要施工的地方进行全面考察了解后，针对周围的环境和设施进行深入的研究，还要深入了解土质、水源、气候及人力后进行的综合设计。同时，还要掌握树种及各种植物的特点及适应的环境进行合理配置，要适当地安排好施工的时间，确保工程不延误最佳的施工时机，这也是成活率的重要保证。为了防止苗木在施工时受到季节和天气的影响，要尽量选在阴天或多云风速不大的天气进行栽种。要严格按照设计的要求进行种植，确保翻耕深度，对施工地区要进行清扫工作，多余的土堆也要及时清理，工作面的石块、混凝土等也要搬出施工地区，最后还要铺平施工地，使其满足种植的需要。

2.施工中的技术要点

在施工开始后，要做到的关键部分就是定好点、栽好苗、浇好水等，严格按照施工规定的流程进行施工操作，要保证植物能够正常健康的生长，科学培育。

首先，行间距的定点要严格进行设计，将路缘或路肩及临街建筑红线作为基线，以图纸要求的尺寸作为标准在地面确定行距并设置定点，还要及时做好标记，便于查找。如果是公园地区的建设，要采用测量仪，准确标记好各个景观及建筑物的位置，要有明确的编号和规格，施工时要对植被进行细致的标注。

其次，树木栽植技术也对整个工程的顺利施工有着重要的影响，栽植树木不仅是栽种成活，还要对其形状等进行修剪。由于整个施工难免对植被造成一定的伤害，为了尽早恢复，让树木等能够及时吸收足够的土壤养分，就要进行适时的浇水，通常对本年份新植树木的浇水次数应在三次以上，苗木栽植当天浇透水一次。如果遇到春季干旱少雨造成土壤干燥还要适当的将浇水时间提前。

3.后期养护工作

后期的养护工作也是收尾工作是整个工程的最后保证，也是对整个工程的一个保持，根据植物的需求，要及时对其需要的养分进行适时补充，以免造成植被死亡，影响景观的整体效果。灌溉时，要根据树木的品种及需求适时调整，节约水资源和人力物力。为了达到更好的美观性和艺术性，一些植物还需要定时进行修剪，这也是养护管理的重要工作内容，有些植物易受到虫害的侵袭，对于这类植被要及时采取相应措施，除此以外，还有保暖措施等。

（四）园林绿化工程施工技术及其应用

1.苗木工程施工技术

（1）成苗出圃之前的管理

在苗木起苗以后，应该合理选择挡风遮阴处，及时地进行选苗的工作，避免在光照强烈以及大风天的时候进行起苗，应该适当选择色泽正常、顶芽饱满、根系发达以及干形良好的苗木，并且严格遵守苗木分级标准，按照规则来进行定量打捆，然后合理假植，也可以把其放置在窖中浇水，从而保证苗木的活力，如果是秋起苗，应该尽可能做好防鼠、防寒工作。

（2）运送苗木的管理

在运送苗木的时候，应该合理使用带有遮盖物的车辆，在装车以前应该把苗木打包，之后进行充足浇水，避免在运送过程中苗木出现脱水、风干等问题。如果需要经过长时间运输，就需要每2~3小时对苗木浇一次水，当运送到指定地点的时候，及时地在假植场地进行卸车和假植。

（3）假植苗木的管理

在对苗木进行假植的时候，应该合理选择土质良好、遮阴避风，具有充足水源的地方。进行假植的深度为25cm左右，并且每捆单独摆放，每一行都进行一次培土，最大限度地培实苗根，避免出现透风从而影响苗木的活力。在假植完成以后应该进行充足浇水，每天进行两次浇水，必须浇足、浇透。在施工人员取走苗木以后，应该及时进行假植处理，避免出现取苗之后出现透风培土松动问题，以至于影响活力。

（4）管理造林作业中的苗木

在进行造林的过程中，需要施工人员尽可能佩带苗木桶，禁止大量拿苗，保证苗木桶中具有1/3的水，确保根系能够在水中。已经经过吸水处理的苗木，不需要再进行装水。在进行植苗的时候，保证取一株植一株，一旦发现苗木出现死苗、病苗或者损失的苗木应该及时的挑出，不可以像撒种子一样大面积撒，然后在回头种植，这种方式非常容易导致苗木脱水或者风干，从而影响成活率。

（5）成效

为了增加管理工作的力度以及保证苗木的质量，避免出现不必要的死苗问题，提高了苗木成活率，促进了园林绿化的效果。

2. 树木种植施工技术

为了保障树苗能够很好地成活，在移植树木的时候，应该带有土球，按照实际树种规格来合理挖穴定植。利用土或者稻草对土球进行保护，保证土球具有一定的湿润度，避免出现植物干燥。在进行树木种植的时候，应该先填表层土。

（1）散苗

按照规定把树苗散置于定植穴中，就是散苗。在此过程中，应该爱护树苗，轻放轻拿，不能损坏树根、树干、树皮等。确保散苗速度与成长速度保持一致，一边散一边栽。在散苗栽完以后，尽可能降低树干在外面暴露的时间。随时用土掩埋假植沟内的暴露树苗根系。散苗之后，应该最快地进行图纸审核，一旦出现错误，及时进行纠正。

（2）栽苗

带土球苗的栽植：在对土球苗栽植的时候，应该事先量好坑的深度，确保与土球高度符合，如果不一致，应该及时进行填土或者挖深，不能盲目地进行入坑，导致出现来回搬动土球的问题。在土球合理入坑以后，在土球周围进行少量填土，固定土球，密切注意树干的情况、剪开包装材料，最大限度地把已经腐烂的包装取出，保证填入土能够达到坑的一半，利用木棍把土球夯实，再进行填土，尽可能不要把土球砸碎。对于露根树苗的栽植法：一个人把树苗放入坑中，另外一个进行填土，在填到一半的时候，把木棍轻轻拿起，保证与地表一致，保证向下舒展状态，用脚把土踩实，然后继续进行填土，直到稍微高出一点，最后保证与边缘能够符合。

3.边坡绿化技术

边坡绿化是近几年才兴起的一个新兴行业,与传统的绿化技术有着很大的区别,边坡绿化技术在目前还没有成型的经验可以直接来用,所以在边坡绿化中,还处于研究阶段,国家对边坡绿化技术也没有相关的标准,所以边坡绿化技术还处于摸索的阶段。在边坡绿化技术中,最为常见的是客土喷植技术。材料是用复合肥等材料,在坡面上喷上混合料。土壤的物理性质不会改变。它的缺点是不能防止冲刷,不能用于岩石边坡绿化,优点是成本低。岩石边坡绿化,是在基岩石坡面上,喷附上一层植生质。

4.对植物采用修剪技术

园林绿化植物还需采用修剪技术,以促使它的植物树形可以正常的姿势成长,另外树木间要保持通风顺畅,这样便可使得植物具备极好的美观性。开展园林植物修剪工作前要先了解清楚植物的生长习性,且修剪的季节和时间都需选择得当,以免影响到修剪的效果。

一些植物的修剪工作需要选在植物开花之后进行,比如一些植物需要春季开花后对老枝进行修剪,一些比较柔弱的枝条也要剪掉,以便植物在第二年可以生长得更好。园林植物在合理修剪整形后,还可以选用适量的灌木和少许的乔木进行搭配,或者采用花本植物作基础栽培,以便提升园林的美观效果,使整个园林绿化植物的观赏效应可以充分发挥出来。

5.绿化地的养护和整理技术

在进行园林绿化的过程中,不能使用大型机械压实地面,应该保证树木根部能够平衡生长,树木在草坪土壤上最低的存活厚度为15cm,大灌木为45cm,小灌木为30cm,深根乔木为90cm,浅根的为60cm;保证土壤的硬度。在进行绿化过程中,适当的土壤硬度可以保证树木根部具有充足的通透性、透气性,避免出现土壤板结。保证工程透水性和排水性,在填方的时候保证结构良好,还可以适当设置一些排水设施;保证土壤的 pH 值保持在 5.5~7.0;保证土壤具有充足的养分,保证树木合理生长的最好土壤中的有机物质为5%,矿物质为45%,水分为30%,空气为20%,提高园林绿化过程中的养护工作是园林绿化控制质量和管理的重要保障,并且依据不同时间不同养护需求,针对树木进行合理养护,制订科学的计划,保证养护技术具有指导作用,合理进行施肥,进行现场监督管理,提高施肥的效率,对于病虫害进行重点防治,避免大规模发生。

(五)园林绿化过程中的注意事项

1.苗木的选择

在园林绿化过程中,选择乔木苗木的时候应该尽可能选择分支均匀、树冠完整以及笔直的树苗来作为移植树苗，不要使用一些倾斜、弯曲的树苗。

（1）可以用作移植的树苗具有以下特点：

①树干特点：选择相对平滑且没有大结节以及突出物的树干，大结节也就是树干上有大于 20 mm 直径的伤痕。

②叶片特点：能够进行移植的树苗除了拥有特殊的类型之外，一般情况下树木的叶片颜色为深绿色，并且还具有一定亮度。

③树木丰满度：在进行树苗移栽的过程中，应该尽可能选择整体饱满、树干枝叶繁盛，并且密室、平整的树苗来作为绿化需要的树木。

④合理地选择没有病害的苗木来进行移栽：在对树苗进行移栽的过程中，树苗的树叶不能出现发白的情况，还应该保证树苗内部没有寄生虫。

⑤合理选择树苗年龄：在进行移栽的过程中，一般应该选择 3~5 年树龄的树苗作为绿化移栽的树苗，不可以使用树龄过大或者过小的树苗来作为移栽树苗，并且在确定树龄的时候合理进行年轮抽样检查。

在园林绿化选择灌木树苗的时候，应该选择分支比较多以及主干比较低的树苗。一般来说，相对比较好的灌木树苗就是具有三个以上第一分支子，绿叶具有一定的光亮，或者为深绿和翠绿。以叶片分支比较多、密集饱满为树木的丰满度。对于很多球类树木来说，在对树苗进行修剪的过程中应该保持特定形状，所以，对于树木树叶的密实度就有一定的要求。在移栽灌木树苗的时候，应该合理的观察是否被虫子咬过以及一些隐藏的病虫害。

（2）苗木的选择类型

①乔木类

对于常绿及落叶乔木而言，园林施工作业人员最应注意的是要保证乔木的正常生长，为植物提供必要的生长环境。在此前提下，通过整形修剪对树木的形状进行合理的美化修整，确保干性强、顶端优势强的树种生长成高大笔直的景观树，而干性弱，枝条形态分布优美的树种保持其自然、优雅的树形。其中，对于顶端优势强的乔木，修剪过程中需要将树干主干保留下来，并留取各层级主枝，形成类似圆锥形的树形。对乔木侧枝进行适当的修剪，能够合理控制其生长的态势，进一步推动乔木主干生长。但是，若在修剪中误将主枝顶端剪掉或者是对其造成损伤，则需要将靠近中间且生长强健的侧枝当作主干培养，保持树种的顶端优势，确保乔木生长态势良好。对于大型乔木的修剪，则应当在修剪工作完毕后及时对修剪的伤口进行清理，涂抹伤口愈合剂，促进伤口尽快愈合，并阻断树木伤口处在恢复期受到病虫害的侵染。此外，对于珍贵树种的处理，最好使用树皮修补或者移植的方法，进而确保植株伤口在短时间内愈合。

②花灌木类

园林中的花灌木种类繁多，景观各异。对此类植株栽植前的合理修剪，必须根据设计意图采用不同的修剪整形方式。如对于规整式园林景观，实质是通过人工细致的修剪使得自然生长的灌木形体转变成较为规则的形状，以自身自然的绿色和规整的形状不断装饰、美化园林，进一步增加园林的观赏性，体现人类改造自然的能力。

为此，园林施工作业人员在修剪灌木时，需要严格遵守以下几个技术要点：首先，需要依据园林中灌木丛的具体疏密情况，适当保留几个形状比较规则的主枝，疏剪一些生长较为密集的枝条，同时对侧枝进行合理的修剪，促使灌木呈现出圆形、椭圆形等设计规定的形状。

其次，适当去除灌木植株体上一些较老的枝干并保留和培养一些新生枝，可以增强灌木的生长势，促进花灌木生长更为旺盛美观。而自然式园林，则强调虽由人做，宛自天开的人文意境，园林植物修剪注重植物本身自然的生长形态，仅对部分生长不合理的交叉枝、重叠枝、轮生枝、病虫枝、徒长枝等疏除，减少人为对原有树体形态的过多干预，形成模拟自然界真实、缩微的植物群落景观。

③绿篱类

绿篱主要由耐修剪的花灌木或小型乔木组成，一般是单排或双排形成植篱墙或护栏式景观。园林工作人员可以将绿篱中的植物修剪成各种规整式形状，例如波浪形、椭圆形、方形等，设计师可以将绿篱设置在道路、纪念性景观两侧，达到引导游客视线、隔离道路和保护环境等目的。为了确保绿篱整体高度及形状一致，园林工作人员会定期安排整形修剪，适当修剪植株主尖，一般剪去主尖的 1/3，剪口高度介于 5~10cm 之间，这样有助于控制植株的生长高度，促进绿篱的健康成长。

2. 对于种植土的复原与选择

在园林绿化工程施工过程中，土壤是花草树木能够生存的主要基础，基本上以土粒团粒为最好，直径一般都是 1~5mm，孔径小于 0.01mm 的最为适合树木的生长。一般而言，土壤表层都具有大量的植物生长需要的营养以及团粒结构。在进行园林绿化的过程中，时常会把表层去掉，这就破坏了植物能够生长的最有利环境。为了保证可以有效、科学地培养树木的生长，最好的办法就是把园林内部原有的土壤表层进行合理使用，在对土壤表层进行复原的过程中，应该尽可能避免大型机械的碾压，从而破坏土壤结构，可以使用倒退铲车来对土壤进行掘取。

3. 施工过程中的土建以及绿化

在园林绿化工程施工建设过程中，经常会使用到很多种交叉施工方式，这会在一定程度上导致很多施工企业为了赶上施工进度以及其他的外在因素出现一些问题。在对园林进行绿化的时候，绿化与土建是由不同施工单位来分别完成的，因此，非常容易出现问题，特别是在保护砌筑路牙石以及植物方面，所以，需要密切注意施工过程中的细节，提高施工质量。

（六）园林绿化工程养护管理技术

1. 灌溉

园林绿化工程后期养护工作中，灌溉是重要工作内容之一。充足的水分是植物生长的必要条件，为了保证植物的健康成长，需要进行园林灌溉，为树木的生长提供充足的水分。条件允许时，应对现场栽植的全部植物进行充分灌溉。而灌溉条件有限时，则应灵活处理：优先保证新栽苗木浇足定根水，确保植物根系和土壤密切接触。后再对长期定植的树木进行灌溉。在炎热的夏季，由于阳光充足，水分蒸发快，植物对水分需求量较大，因此需根据树木的实际情况适时进行灌溉。在夏季灌溉，要遵循少灌、勤灌的原则，并避免在温度较高的中午进行灌溉。只有掌握适宜的灌溉原则，才能够保证树木吸收到充足的水分。河水、井水、池塘水等都可以作为灌溉用水，而灌溉的方式可以根据树木的种类以及种植规模等采取滴灌、喷灌、畦灌等方式，在保证树木得到充足水分的基础上，尽量节约水资源。

2. 病虫害防治

对园林植物实行有效的病虫害治理，具体需要结合植物受到侵染的部位的表征症状初步判定植物是遭受病害或是虫害侵染。然后对症用药，通常可采用熏蒸、喷雾以及喷粉等方式进行。通过将相应浓度或配比的药物喷洒在植被上，实现对病虫害的控制和蔓延。此外，还可通过对植被周边虫害栖息地布饵等方式，实现对虫害的源头防治，防治虫害对园林植被的破坏。

3. 排水

植物由于土壤内有过多水分会生长不良，最终导致死亡。植物种类、长势、年龄、生长条件的不同，导致其对水涝的抵抗能力存在差异。园林养护管理中常用的排涝方法有明沟排水、地表径流、暗沟排水等。保证树木成活的主要条件是确保土壤湿润，因此不仅要在植物栽植后浇足定根水，还要视天气情况及时对树木进行水分补充，对于低洼积水地区，要做好排水工作。

4. 肥水管理

乔木树型高大，根系发达，根深幅广，种植时需要根据树木土球规格大小确定种植穴的规格。一般种植穴尺寸较树木土球尺寸大 20~40cm。

施肥方面，用肥种类以复合肥为主，对于 1~3 年的幼年树 N、P、K 的比例是 5：3：2；3 年以上的大树是 3：2：1。

施肥的次数：植后三年内，每年的春、夏、秋初各施一次，每次用复合肥 1~2kg，小树少施，大树多施。

施肥的方法是小树结合松土施液肥，大树在冠幅内地面均匀开穴干施，三年以上高大的乔木原则上可不施肥。灌木树型小，以浅穴或浅沟种植为主，丛生根系浅，视土壤和树势施用适量的复合肥，液施干施结合，观花观果灌木适当增加 P、K 肥，观叶灌木适当增加 N 肥施用。

绿化树木的水分管理，重在幼树，原则是保湿不渍，表土干而不白。高大乔木，根深叶茂，不存在因缺水影响生长，灌木矮小，根系短浅，盆栽地栽都要防旱保湿不渍，才能正常生长。

5. 种植土填入技术

种植土填入技术就是把拌了基肥的土壤填到树坑底部，在填入过程中需要注意以下几点：

第一，土球高度需与树穴深度一致，以确保树穴深度满足种植要求。

第二，需要科学摆放苗木，将苗木土球放到树坑内后，需要将生长态势良好的一面朝向视方，然后填入种植土以固定土球，最后将包装材料拆除。

第三，需要做好填土捣实工作。在接触根部的位置铺放一层无机肥的土壤，然后填入拌和了栽培基质的种植土，高度达到树穴一半时，再用木棍捣实土球四周松软的土壤，在捣实后再继续填充种植土、继续捣实，循环往复直到填满为止，紧密均的土壤环境有助于促进植物生长。

第四节　园林假山工程施工

在中国传统园林艺术理论中，素有"无园不石"的说法，假山在园林中的运用在中国有着悠久的历史和优良的传统，随着人们休闲环境意识的增强，假山更是走进了无数的公园、小区，假山元素在园林中的应用更为广泛。人们通常所说的假山实际上包括假山和置石两个部分，假山依照自然山水为蓝本，经过艺术夸张和提炼，再人工再造的山水景物的通称；置石，是指以山石为材料作独立造景或作附属配置造景布置，主要表现山石的个体美或局部山石组合，不具备完整的山形。中国园林要求达到"虽由人作，宛自天开"的艺术景界，要求假山能更加贴近自然，更加真实，要求人工美要服从于自然美。

一、假山及其功能作用

（一）假山的概念

假山是指用人工方法堆叠起来的山，是按照自然山水为蓝本，经艺术加工而制作的。随着叠石为山技巧的进步和人们对自然山水的向往，假山在园林中的应用也越来越普遍。不论是叠石为山，还是堆土为山，或土石结合，抑或单独赏石，只要它是人工堆成的，均可称为假山。

人们通常所说的假山实际上包括假山和置石两个部分。所谓的假山，是以造景、游览为主要目的，充分地结合其他多方面的功能作用，以土、石等为材料，以自然山水为蓝本并加以艺术的提炼、加工、夸张，用人工再造的山水景物的通称。置石，是指以山石为材料作独立造景或作附属配置造景布置，主要表现山石的个体美或局部山石组合，不具备完整的山形。一般来说，假山的体量较大而且集中，可观、可游、可赏、可憩，使人有置身自然山林之感；置石主要是以观赏为主，结合一些功能（如纪念、点景等）方面的作用，体量小且分散。假山按材料不同可分为土山、石山和土石相间的山。置石则可分为特置、对置、散置、群置等。

为降低假山置石景观的造价和增强假山置石景观的整体性，在现代园林中，还出现以岭南园林中灰塑假山工艺为基础的采用混凝土、有机玻璃、玻璃钢等现代工业材料和石灰、砖、水泥等非石材料进行的塑石塑山，成为假山工程的一种专门工艺，这里不在单独探讨。

（二）假山的功能作用

假山和置石因其形态千变万化，体量大小不一，所以在园林中既可以作为主景也可以与其他景物搭配构成景观。如作为扬州个园的"四季假山"以及苏州狮子林等总体布局以山为主，水为辅弼，景观特别；在园林中作为划分和组织空间的手段；利用山石小品作为点缀园林空间、陪衬建筑和植物的手段；用假山石作花台、石阶、踏跺、驳岸、护坡、挡土墙和排水设施等，既朴实美观又坚固实用；用作室内外自然式家具、器设、几案等，如石桌凳、石栏、石鼓、石屏、石灯笼等，既不怕风吹日晒，也增添了几分自然美。

二、假山工程施工技术

（一）假山的材料选择

我国幅员辽阔，地质变化多端。为园林假山建设提供了丰富的材料。古典园林中对假山的材料有着深入的研究，充分挖掘了自然石材的园林制造潜力，传统假山的材料大致可分为以下几大类：湖石（包括太湖石、房山石、英石、灵璧石、宣石）、黄石、青石、石笋还有其他石品（如木化石、石珊瑚、黄蜡石等），这些石种更具特色，有自己的自然特点，根据假山的设计要求不同，采用不同的材料，经过这些天然石材的组合和搭配，构建起各具特色的假山，如太湖石轻巧、清秀、玲珑，在水的溶蚀作用下，纹理清晰，脉络景隐，犹如天然的雕塑品，常被选其中形体险怪，嵌空穿眼者为特置石峰；又如宣石颜色洁白可人，且越旧越白，有着积雪一般的外貌，成为冬山的绝佳材料。

而现代以来，由于资源的短缺，国家对山石资源进行了保护，自然石种的开采量受到了很大的限制，不能满足园林假山的建设需要，随着技术的日益发展，在现代园林中，人工塑石已成为假山布景的主流趋势，由于人工塑石更为灵活，可根据设计意图自由塑造，所以取得了很好的效果。

（二）施工前准备工作

施工前首先应认真研究和仔细会审图纸，先作出假山模型，方便之后的施工，做好施工前的技术交底，加强与设计方的交流，充分正确了解设计意图。再者，准备好施工材料，如山石材料、辅助材料和工具等。还应对施工现场进行反复勘察，了解场地的大小，当地的土质、地形、植被分布情况和交通状况等方面。制定合适的施工方案，配备好施工机械设备，安排好施工管理和技术人员等。

（三）假山施工流程

假山的施工是一项复杂的工程，一般流程为：定点放线→挖基槽→基础施工→拉底→中层施工（山体施工、山洞施工→填、刹、扫缝→收顶→做脚→竣工验收→养护期管理→交付使用。其中涉及了许多方面的施工技术，每个不同环节都有不同的施工方法，在此，将重点介绍其中的一些施工方法。

1.定点放线

首先要按照假山的平面图，在施工现场用测量仪准确地按比例尺用白石粉放线，以确定假山的施工区域。线放好后，跟着标出假山每一部位坐标点位。坐标点位定好后，还要用竹签或小木棒钉好，做出标记，避免出差错。

2.基础施工

假山的基础如同房屋的地基一样都是非常重要的，应该引起重视。假山的基础主要有木桩、灰土基础、混凝土基础三种。

木桩多选用较平直又耐水湿的柏木桩或杉木桩。木桩顶面的直径在 10~15cm。平面布置按梅花形排列，故称"梅花桩"。桩边至桩边的距离约为 20cm，其宽度视假山底脚的宽度而定。桩木顶端露出湖底十几厘米至几十厘米，并用花岗石压顶，条石上面才是自然的山石，自然山石的下部应在水面以下，以减少木桩腐烂。

灰土基础一般采用"宽打窄用"的方法，即灰土基础的宽度应比假山底面积的宽度宽出约 0.5cm，保证了基础的受力均匀。灰槽的深度一般为 50~60cm。2m 以下的假山一般是打一步素土，一步灰土。一步灰土即布灰 30cm，踩实到 15cm 再夯实到 10cm 厚度左右。2~4cm 高的假山用一步素土、两步灰土。石灰一定要新出窑的块灰，在现场泼水化灰。灰土的比例采用 3 : 7。

混凝土基础耐压强度大，施工速度快。厚度陆地上为 10~20cm，水中约为 50cm。陆地上选用不低于 C10 的混凝土。水中假山基础采用 M15 水泥砂浆砌块石，或 C20 的素混凝土作基础为妥。

3. 拉底

拉底就是在基础上铺置最底层的自然山石，是叠山之本。假山的一切变化都立足于这一层，所以底石的材料要求大块、坚实、耐压。底石的安放应充分考虑整座假山的山势，灵活运用石材，底脚的轮廓线要破平直为曲折，变规则为错落。要根据皴纹的延展来决定，大小石材成不规则的相间关系安置，并使它们紧密互咬、共同制约，连成整体，使底石能垫平安稳。

4. 中层

中层是假山造型的主体部分，占假山中的最大体量。中层在施工中要尽量做到山石上下衔接严密之外，还要力求破除对称的形体，避免成为规规矩矩的几何形态，而是因偏得致，错综成美。在中层的施工时，平衡的问题尤为明显，可以采用"等分平衡法"等方法，调节山石之间的位置，使它们的重心集中到整座假山的重心上。

5. 收顶

收顶即处理假山最顶层的山石。从结构上来讲，收顶的山石要求体量大的，以便合凑收压，一般分为分峰、峦和、平顶三种类型，可在整座假山中起画龙点睛的效果，应在艺术上和技术上给予充分重视。收顶时要注意使顶石的重力能均匀地分层传递下去，所以往往用一块山石同时镇压住下面的山石，如果收顶面积大而石材不够时，可采用"拼凑"的施工方法，用小石镶缝使成一体。

（四）假山景观的基础施工

假山景观一般堆叠较高、重量较大，部分假山景观又会配以流水，加大对基础的侵蚀。所以首先要将假山景观的基础工程搞好，减少安全隐患，这样才能再造就出各种的假山景观造型。基础的施工应根据设置要求进行，假山景观基础有浅基础、深基础、桩基础等。

1. 浅基础的施工

浅基础的施工程序为：原土夯实→铺筑垫层→砌筑基础。浅基础一般是在原地面上经夯实后而砌筑的基础。此种基础应事先将地面进行平整，清除高垄，填平凹坑，然后进行夯实，再铺筑垫层和基础。基础结构按设计要求严把质量关。

2. 深基础的施工

深基础的施工程序为：挖土→夯实整平→铺筑垫层→砌筑基础。深基础是将基础埋入地面以下的基础，应按基础尺寸进行挖土，严格掌握挖土深度和宽度，一般假山景观基础的挖土深度为 50~80cm，基础宽度多为山脚线向外 50cm。土方挖完后夯实整平，然后按设计铺筑垫层和砌筑基础。

3.混凝土基础

目前大中型假山多采用混凝土基础、钢筋混凝土基础。混凝土具有施工方便，耐压能力强的特点。基础施工中对混凝土的标号有着严格的规定，一般混凝土垫层不低于C10，钢筋混凝土基础不低于C20的混凝土，具体要根据现场施工环境决定，如土质、承载力、假山的高度、体量的大小等决定基础处理形式。

4.木桩基础

在古代园林假山施工中，其基础形式多采用杉木桩或松木桩。这种方法到现在仍旧有其使用价值，特别是在园林水体中的驳岸上，应用较广。选用木桩基础时，木桩的直径范围多在10~15cm，在布置上，一般采用梅花形状排列，木桩与木桩之间的间距取为20cm。打桩时，木桩底部要达到硬土层，而其顶端则至少高于水体底部十几厘米。木桩打好后要用条石压顶，再用块石使之互相嵌紧。这样基础部分就算完成了，可以在其上进行山石的施工。

（五）山体施工

1.山石叠置的施工要点

（1）熟悉图纸

在叠山前一定要把设计图纸读熟，但由于假山景观工程的特殊性，它的设计很难完全一步到位。一般只能表现山体的大致轮廓或主要剖面，为了方便施工，一般先做模型。由于石头的奇形怪状，而不易掌握，因此，全面了解和掌握设计者的意图是十分重要的。如果工程大部分是大样图，无法直接指导施工，可通过多次的制作样稿，多次修改，多次与设计师沟通，才能摸清了设计师的真正意图，找到了最合适的施工技巧。

（2）基础处理

大型假山景观或置石必须要有坚固耐久的基础，现代假山景观施工中多采用混凝土基础。

2.山体堆砌

山体的堆砌是假山景观造型最重要的部分，根据选用石材种类的不同，要艺术性地再现自然景观，不同的地貌有不同的山体形状。一般堆山常分为底层、中层、收顶三部分。施工时要一层一层做，做一层石倒一层水泥砂浆，等到稳固后再上第二层，如此至第三层。底层，石块要大且坚硬，安石要曲折错落，石块之间要搭接紧密，摆放时大而平的面朝天，好看的面朝外，一定要注意放平。中层，用石要掌握重心，飘出的部位一定要靠上面的重力和后面的力量拉回来，加倍压实做到万无一失。石材要统一，既要相同的质地，相同纹理，色泽一致，咬茬合缝，浑然一体，又要有层次有进深。

3.置石

置石一般有独立石、对置、散置、群置等。独立石，应选择体量大、造型轮廓突出、色彩纹理奇特、有动态的山石。这种石多放在公园的主入口或广场中心等重要位置。对石，以两块山石为组合，相互呼应，一般多放置在门前两侧或园路的出入口两侧。散置，几块大小不等的山石灵活而艺术的搭配，聚散有序，相互呼应，富于灵气。群置，以一块体量较大的山石作为主石，在其周围巧妙置以数块体量较小配石组成一个石群，在对比之中给人以组合之美。

（1）山石的衔接

中层施工中，一定要使上下山石之间的衔接严密，这除了要进行大块面积上的闪进，还需防止在下层山石上出现过多破碎石面。只不过有时候，出于设计者的偏好，为体现假山某些形状上的变化，也会故意预留一些这样的破碎石面。

①形态上的错落有致

假山山体的垂直和水平方向都要富于变化，但也不宜过于零碎，最好是在总体上大伸大缩，使其错落有致。在中层山石的设置上，要避免出现长方形、正方形这样严格对称的形状，而要注重体现每个方向上规则不同的三角形变化，这样也可使得石块之间牵拉咬茬，提高山体的稳定性。另外，山石要按其自然纹理码放，保证整体上山石纹理的通顺。

②山体的平衡

中层，是衔接底层和顶层的中间部分，底层是基础，要保证其对整个上部有足够的承载力，而到中层时，则必须得考虑其自身和上部的平衡问题了。譬如，在假山悬崖的设计中，山体需要一层层往外叠加，这样就会使山体的重心前移，所以这时就必须利用数倍于前沉重心的重力将前移重心拉回原本重心线。

③绿化相映、山水结合

山无草不活，没有花草树木相映，假山就会光秃秃的，显得呆板而缺乏活力。所以在堆砌假山时，要按照设计要求，在适当的地方预留种植穴，待假山整体框架完工后种植花草树木，达到更好的观赏性。假山修建过程中，有时还需预留管道，用于设计喷泉和其他排水设施。在假山建成后，在假山周围一定范围内，修建水池，用太湖石或黄石驳岸，把山上流水引入池中，使得树木、山水相映生趣，增加假山的观赏性。

（2）顶层

顶层即假山的最上面部分，是最重要的观赏部分，这也是它的主要作用，无疑应作重点处理。顶层用石，无疑应选用姿态最美观、纹理最好的石块，主峰顶的石块体积要大，以彰显假山的气魄。在顶层用石选上，不同峰顶要求如下：

①堆秀峰

堆秀峰特点是利用其庞大的体积显示出强大压力，镇压全局。峰石本身可用单块山石，也可由块石拼接。峰石的安置要保证山体的重心线垂直底面中心，均衡山势，保证山体稳定。但同时也要注意到的是，峰石选用时既要能体现其效果，又不能体积过大而压垮山体。

②流云峰

流云峰偏重于做法上的挑、飘、环、透。由于在中层已大体有了较为稳固的布置，所以在收头时，只需将环透飞舞的中层合而为一。峰石本身可以作为某一挑石的后坚部分，也可完成一个新的环透体，既保证叠石的安全，又保障了其流云或轻松的感觉不被破坏。

③剑立峰

剑立峰，顾名思义，就是用竖向条石纵立于山顶的一种假山布置。这种形式的特点在于利用剑石构成竖向瘦长直立的假山山顶，从而体现出其峭拔挺立、刺破青天的气魄。对于这种形式的假山，其峰石下的基础一定要十分牢固，石块之间也要紧密衔接，牢牢卡住，保证峰石的稳定和安全。

（六）假山石景的山体施工

一座山是由峰、峦、岭、台、壁、岩、谷、壑、洞、坝等单元结合而成，而这些单元是由各种山石按照起、承、转、合的章法组合而成。

1. 安稳

安稳是对稳妥安放叠置山石手法的通称，将一块大山石平放在一块或几块大山石上的叠石方法叫作安稳，安稳要求平稳而不能动摇；右下不稳之处要用小石片垫实刹紧。

2. 连

山石之间水平方向的相互衔接称为连。相连的山石基连接处的茬口形状和石面皴纹要尽量相互吻合，如果能做到严合缝最理想，但多数情况下，只要基本吻合即可。对于不同吻合的缝口应选用合适的石刹紧，使之合为一体，有时为了造型的需要，做成纵向裂缝或石缝处理，这时也要求朝里的一边连接好，连接的目的不仅在于求得山石外观的整体性，更主要的是为了使结构上凝为一体，以能均匀地传达和承受压力。连和好的山石，要做到当拍击石一端时，应使相连的另一端山石有受力之感。

3. 接

它是指山石之间的竖向衔接，山石衔接的茬口可以是平口，也可以凹凸口，但一定是咬合紧密而不能有滑移的接口，衔接的山石，外面上要依同为皱纹连接，至少要分出横竖纹路来。

4. 斗

以两块分离的山石为底脚，作成头顶相互内靠，如同两者争斗状，并在两头顶之间安置一块连接石；或借用斗棋构件的原理，在两块底脚石上安置一块拱形山石。

5. 拾

即在一块大的山石之旁，挎靠一块小山石，犹如人肩之挎包一样。挎石要充分利用茬口咬压，或借用上面山石之重力加以稳定，必要时应在受力之隐蔽处，用钢丝或铁件加轻固定连接。挎一般用在山石外轮廓形状过于平滑而缺乏凹凸变化的情况。

6. 拼

将若干小山石拼零为整，组成一块具有一定形状大石面的做法称为拼，因为假山景观不过是用大山石叠置而成，石块过大，对吊装、运输都会带来困难，因此需要选用一些大小不同的山石，拼接成所需要的形状，如峰石、飞梁、石矶等都可以采用拼的方法而成；有些假山景观在山峰叠砌好后，突然发现峰体太瘦，缺乏雄壮气势，这时就可将比较合适的山石拼合到峰体上，使山峰雄厚壮观起来。

（七）假山景观山脚施工

假山景观山脚施工是直接落在基础之上的山林底层，它的施工分为拉底、起脚和做脚。

1. 拉底

拉底是指用山石做出假山景观底层山脚线的石砌层。

（1）拉底的方式

拉底的方式有满拉底和线拉底两种。满拉底是将山脚线范围之内用山石满铺一层。这种方式适用于规模数较小、山底面积不大的假山景观，或者有冻胀破坏的北方地区及有震动破坏的地区。线拉底按山脚线的周边铺砌山石，而内空部分用乱石、碎砖、泥土等填补筑实。这种方法适用于底面较大的大型假山景观。

（2）拉底的技术要求

底脚石应选择石质坚硬、不易风化的山石。每块山脚石必须垫平垫实，用水泥砂浆将底脚空隙灌实，不得有丝毫摇动感。各山石之间要紧密咬合，互相连接形成整体，以承托上面山体的荷载分布。拉底的边缘要错落变化，避免做成平直和浑圆形状的脚线。

2.起脚

拉底之后，开始砌筑假山景观山体的首层山石层叫起脚。起脚边线的做法常用的有：点脚法、连脚法和块面法。

（1）点脚法

即在山脚的边线上，用山石每隔不同的距离作墩点，用于片块状山石盖于其上，作成透空小洞穴。这种做法用一空透型假山景观的山脚。

（2）连脚法

即按山脚边线连续摆砌弯弯曲曲、高低起伏的山脚石，形成整体的连线山脚线，这种做法各种山形都可采用。

（3）块面法

即用大块面的山石，连续摆砌成大凸大凹的山脚线，使凸出凹进部分的整体感都很强，这种做法多用于造型雄伟的大型山体。

（八）施工中的注意事项

第一，施工中应注意按照施工流程的先后顺序施工，自下而上，分层作业，必须在保证上一层全部完成，在胶结材料凝固后再进行下一层施工，以免留下安全隐患。

第二，施工过程中应注意安全，"安全第一"的原则在假山施工工程中应受到高度重视。对于结构承重石必须小心挑选，保证有足够的强度。在叠石的施工过程中应争取一次成功，吊石时在场工作人员应统一指令，栓石、打扣、起吊一定要牢靠，工人应戴好防护鞋帽，保证做到安全生产。

第三，要在施工的全过程中对施工的各工序进行质量监控，做好监督工作，发现问题及时改正。在假山工程施工完毕后，对假山进行全面的验收，应开闸试水，检查管线、水池等是否漏水漏电。竣工验收与备案程应按法规规范和合同约定进行。

假山景观是人工将各种奇形怪状、观赏性高的石头，按层次、特点进行堆叠而形成山的模样，再加以人工修饰，达到置一山于一园的观赏效果。在园林中假山景观的表现形式多种多样，可作为主景也可以作为配景，如划分园林空间、布置道路、连廊等。再配以流水、绿草更能增添自然的气息。

第五节 园林铺装工程施工

一、园林铺装的作用

（一）提供场所

园林铺装的主要功能就是它的实用性，以道路、广场、活动空间的形式为游人提供一个停留和游憩空间，往往结合园林其他要素如植物、园林小品、水体等构成立体的外部空间环境。

（二）美化环境

园林铺装可以覆盖裸露的地表，美化园林的空间底界面。园林铺装可以作为主景的背景，起到衬托主景、突出主题的作用。

（三）科普教育

园林铺装往往具有丰富的图案，取材于当地的民俗文化、历史典故、吉祥图案、重大事件，或表现主题，或表达信念，在提升园林铺装美学价值的同时起到传递场地信息和科普教育的作用。

（四）引导游览

园林铺装可以通过不同铺装的色彩、质感和肌理来暗示使用空间的差异和变换，使人按照不同园林铺装的差异化提示使用满足自己功能的园林空间。园林铺装的样式往往具有明显的导向性，有利于联系各个功能区域，保持景观的连续性和完整性。

二、园林铺装施工工艺与流程

（一）施工工艺流程

现代园林绿化中的铺装工程施工工艺为：砼基层施工→侧石安装→板材铺装施工。

（二）施工工艺分析

1.砼基层施工

为保证砼搅拌质量，砼工程应遵循以下原则：

（1）测定现场砂、石含水率，根据设计配合比，送有关单位做好砼级配，并按级配挂牌小意。

（2）每天搅拌第一拌碰时，水泥用量应相对增倍。

（3）平板振捣器震动均匀，以提高砼密实度。

（4）严格控制砂石料的含泥量，选用良好的骨料，砂选用粗砂，砂含泥量小于3%，石子不超过10%。

（5）减少环境温度差，提高砼抗压强度，浇筑后应覆盖一层草包在12h后浇水养护以防气温变的影响。砼养护时间不小于7天。

（6）一般用M7.5水泥、白泥、砂混合浆或1：3白灰砂浆结合层。砂浆摊铺宽度应大于铺装面5～10cm，以拌好的砂浆应当日用完。也可用3～5cm粗砂均匀摊铺而成。

2.侧石安装工艺

在砼垫层上安置侧石，先应检查轴线标高是否符合设计要求，并校对。圆弧处可采用20～40cm长度的侧石拼接，以便利于圆弧的顺滑，严格控制侧石顶面的标高，接缝处留缝均匀。外侧细石混凝土浇筑紧密牢固。嵌缝清晰，侧角均匀，美观。侧石基础宜与地床同时填挖碾压，以保证有整体的均匀密实性。侧石安装要平稳牢固，其背后要应用灰土夯实。

3.板材铺装施工工艺

地面的装饰依照设计的图案、纹样、颜色、装饰材料等进行地面装饰性铺装，其铺装方法也请参照前面有关内容。铺砌广场砖、花岗岩板材料时，灰泥的浓度不可太稀，要调配成半硬的黏稠状态，铺砌时才易压入固定而不致陷下。其次，为使块材排列整齐，每片的间距为1cm，要利用平准线。于铺设地点四角插好木棒，有绳拉张、作为铺块材的平准线。除了纵横间隔笔直整齐外，另还需要一条高度准绳，以控制瓷砖面高度齐一。但为使面层不因下雨积水，有必要在施工时将路面作出两侧1.5%～2%的斜度。地面铺装应每隔2米设基坐，以控制其标高，石材板应根据侧石路标高，并路中高出3%横坡。板铺设前，先拉好纵横控制线，并每排拉线。铺设时用橡胶锤敲击至平整，保证施工质量优良。片块状材料面层，在面层与基层之间所用的结合层做法有两种：一种是用湿性的水泥砂浆、石灰砂浆或混合砂浆作为材料，另一种是用干性的细砂、石灰粉、灰土（石灰和细土）、水泥粉砂等作为结合材料或垫层材料。

（1）干法铺筑

以干性粉沙状材料，作面层砌块的垫层和结合层。省略铺砌时，先将粉沙材料在基层上平铺一层，厚度是：用干砂、细土作垫层厚3~5cm，用水泥砂、石灰砂、灰土作结合层厚2.5~3.5cm，铺好后抹平。然后按照设计的砌块、砖块拼装图案，在垫层上拼砌成面层，并在多处震击，使所有砌块的顶面都保持在一个平面上，这样可使铺装十分平整。再用干燥的细砂、水泥粉、细石灰粉等撒在面层上并扫入砌块缝隙中，使缝隙填满，最后将多余的灰砂清扫干净。以后，砌块下面的垫层材料慢慢硬化，使面层砌块和下面的基层紧密地结合在一起。

（2）湿法铺筑

用厚度为 1.5~2.5cm 的湿性结合材料，垫在面层混凝土板上面或基层上面作为结合层，然后在其上砌筑片状或状贴面层。砌块之间的结合以及表面抹缝，也用这些结合材料。

（3）地面镶嵌与拼花

施工前，要根据设计的图样，准备镶嵌地面的铺装材料，设计有精细图形的，先要在细密质地铺装材料上放好大样，再精心雕刻，做好雕刻材料。要精心挑选铺地用石子，挑选出的石子应按照不同颜色、不同大小、不同长扁形状分类堆放，铺地拼花时才能方便使用。施工时，先要在已做好的基层上，铺垫一层结合材料，厚度一般为 4~7cm。在铺平的松软垫层上，按照预定的图样开始镶嵌作花，或者拼成不同颜色的色块，以填充图形大面。然后经过进一步修饰和完善图样，先拉出线条、纹样和图形图案，再用各色卵石、砾石镶嵌纹样，并尽量整平铺地后，就可以定形。定形后的铺地地面，仍要用水泥干砂、石灰干砂撒布其上，并扫入砖石缝隙中填实。最后，用大水冲击或使面层有水流淌。完成后，养护 7~10 天。

（4）嵌草路面的铺筑

嵌草铺装有两种类型：一种为在块料铺装时，在块料之间留出空隙，其间种草。另一种是制作成可以嵌草的各种纹样的混凝土铺地砖。施工时，先在整平压实的基层上铺垫一层栽培壤土作垫层。镶土要求比较肥沃，不含粗颗粒物，铺垫厚度为 10~15cm。然后在垫层上铺砌混凝土空心砌块或实心砖块，砌块缝中半填壤土，并播种草籽或贴上草块踩实。实心砌块的尺寸较大，草皮嵌种在砌块之间预留缝中草缝设计宽度可在 2~5cm，缝中填土达砌块的 2/3 高。砌块下面如上所述用镶土做垫层并起找平作用。砌块要铺得尽量平整。空心砌块的尺寸较小，草皮嵌种在砌块中心预留的孔中。砌块与砌块之间不留草缝，常用水泥砂浆粘接。砌块中心孔填土宜为砌块的 2/3 高；砌块下面仍用壤土做作垫找平。嵌草路面保持平整。要注意的是，空心砌块的设计制作，一定要保证砌块的结实坚固和不易损坏，因此，其预留孔径不能太大，孔径最好不超过砌块直径的 1/3 长。采用砌块嵌草铺装的铺装，砌块和嵌草层的结构面层，其下面只能有一个壤土垫层，在结构上没有基层，只有这样的路面才能有利于草皮的存活与生长。

（5）切石板铺地

切石板铺地的情趣与卵石铺地截然不同，由机械加工的切石铺地平坦好走，光洁整齐。适于加工切板的石材有花岗岩、安山岩、粘板岩等。切石等如果仅为供人行走、其下可不必考虑打水泥基础。至于施工要点分述如下：

①挖掘土面时，先估算预计使石面露出的高度，埋入的部分深度需若干后，开始挖出土壤。

②挖出土后，把基层用碎石铺满，并灌入灰泥，使泥石固定。

③安装厚石板，纵使横间隙成直线，石面平整，高度一致，并在石板间灌满灰泥。石面上若沾有灰泥，用刷子洗净。

（6）鹅卵石铺地

用鹅卵石铺设的面层看起来稳重又实用，别具一格。鹅卵石在组合石块时，要注意石的形、大小是否调和。特别是在与切石板配置时，相互交错形成的图案要自然。施工时，因石块的大小、高低不完全相同，为使铺出的路面平坦，必须在基层下功夫。先将未干的灰泥填入，再把卵石及切石一一填下，较大的埋入灰泥的部分多些，使面层整齐高度一致。摆完石块后，再在石块之间填入稀灰泥，填充实后就算完成了。卵石排列间隙的线条要呈不规则的形状，千万不要弄成十字形或直线形。此外，卵石的疏密也应保持均衡，不可部分拥挤，部分疏松。

三、园林铺装工程施工技术

园林铺装工程主要是指园林建园中的园路和广场的铺装，而在园林铺装中又以园路的铺装为主。园路作为园林必不可少的构成要素之一，是园林的骨架和网络。园林道路在铺装后，不仅能在园林环境中做到引导视线、分割空间及组织路线的作用，空地和广场为人们提供良好的活动和休息场所，还能直接创造出优美的地面景观，增强园林的艺术效果，给人以美的享受。园林铺装是组成园林风景的要素，像脉络一样成为贯穿整个园区的交通网络，成为划分及联系各个景点、景区的纽带。园林中的道路也与一般交通道路不同，交通功能需先满足游览要求，即不以取得捷径为准则的，但要利于人流疏导。在园林铺地设计中，经常与植物、景石、建筑、湖岸相搭配，充满生活气息，营造出良好的气氛，使其充满人与自然的和谐关系。在园林建设中有各种各样的铺装材料，与之对应的施工方法和工艺也有所不同，下面就园路的铺装技术进行详细的探讨。

（一）施工准备

1. 材料准备

园路铺装材料的准备工作在铺装工程中属于工作量较大的任务之一，为防止在铺装过程中出现问题，须提前解决施工方案中园路与广场交接处的过渡问题以及边角的方案调节问题，为此在确定解决方案时应根据道路铺装的实际尺寸在图上进行放样，待确定解决方案再确定边角料的规格、数量以及各种花岗岩的数量。

2. 场地放样

以施工图上绘制的施工坐标方格网作参照，在施工场地测设所有坐标点并打桩定点，然后根据广场施工图以及坐标桩点，进行场地边线的放设，主要边线包括填方区与挖方区之间的零点线以及地面建筑的范围线。

3. 地形复核

以园路的竖向设计平面图为参照，对场地地形进行复核。若存在控制点或坐标点的自然地面标高数据的遗漏，应及时在现场测量将数据补上。

4. 场地的平整与找坡

（1）填方与挖方施工

对于填方应以先深后浅的堆填顺序进行，先分层将深处填实，再填实浅处，并要逐层夯实，直至填埋至设计标高为止。在挖方过程中对于适宜栽植的肥沃土壤不可随意丢弃，可作为种植土或花坛土使用，挖出后应临时将其堆放在广场边。

（2）场地平整及找坡

待填挖方工程基本完成后，须对新填挖出的地面进行平整处理，地面的平整度变化应控制在 0.05m 的范围内。为保证场地各处地面坡度能够满足基本设计要求，应参照各坐标点标注的该点设计坡度数据及填挖高数据，对填挖处理后的场地进行找坡。

（3）素土夯实

素土夯实作为整个施工过程中重要的质量控制环节，首先要先清除腐殖土，以免日后留下地面下陷的隐患。

①场地的基础开挖，应在机械开挖时预留 10~20cm 厚的余土使用人工开挖。

②在开挖过程中若出现开挖过深的情况，不得使用细石或素土等填料进行回填。

③当开挖深度达到设计标高后，应用打夯机对素土进行夯实，使其密实度能够满足设计要求。若在夯实过程中无法看出打夯机的夯头印迹，可使用环刀法对其进行密实度测试，若密实度未能达到设计要求，应继续夯实，直至达到设计要求为止。

2. 地面施工

（1）摊铺碎石

在夯实后的素土基础上可放置几块 10cm 左右的砖块或方木进行人工碎石摊铺。这里需要注意的是，软硬不同的石料严禁混用，且使用碎石的强度不得低于 8 级。摊铺时砖块或方木随着移动，作为摊铺厚度的标定物。摊铺时应使用铁叉将碎石一次上齐，碎石摊铺完成后，要求碎石颗粒大小分布均匀，且纵横断面与厚度要求一致。料底尘土应及时进行清理。

（2）稳压

碾压时采用 10~12t 的压路机碾压，先沿着修整过的路肩往返碾压两遍，再由路面边缘向中心碾压，碾压时碾速不宜过快，每分钟走行 20~30m 即可。待第一遍碾压完成后，可使用小线绳及路拱桥板进行路拱和平整度的检验。若发现局部有不平顺的地方，应及时处理，去高垫低。垫低是指将低洼部分挖松，再在其上均匀铺撒碎石直至设计标高，洒上少量水花后继续进行碾压，直至碎石无明显位移初步稳定后为止。去高时不得使用铁锹集中铲除，而是将多余碎石按其颗粒大小均匀捡出，再进行碾压。这个过程一般需要重复 3~4 次。

（3）撒填充料

在碎石上均匀铺撒灰土（掺入石灰占 8%~12%）或粗砂，填满碎石缝后使用喷壶或洒水车在地面上均匀洒水一次，由水流冲出的缝隙再用灰土或粗砂充填，直至不再出现缝隙并且碎石尖裸露为止。

（4）压实

场地的再次压实使用 10 ～ 12t 的压路机，一般碾压 4~6 遍（根据碎石的软硬程度确定），为防止石料被碾压得过于破碎，碾压次数切勿过多，碾速相对初碾时稍快，一般为 60~70m/min。

（5）嵌缝料的铺撒碾压

待大块碎石的压实完成后，继续铺撒嵌缝料，并用扫帚扫匀，继而使用 10~121 的压路机对其进行碾压，直至场地表面平整稳定且无明显轮迹为止，一般需碾压 2~3 遍。最后进行场地地面的质量鉴定和签证。

3.稳定层的施工

第一，基层施工完成后，根据设计标高，每隔 10cm 进行定点放线。边线应放设边桩和中间桩，并在广场的整体边线处设置挡板，挡板高度不应太高，一般在 10cm 左右，挡板上应标明标高线。

第二，各设计坐标点的标高和广场边线经检查、复核无误后，方可进行下一道工序。

第三，在基层混凝土浇筑之前，应在其上洒一层砂浆（比例为 1：3）或水。

第四，混凝土应按照材料配合比进行配制，浇筑和捣实完成后使用长约 1m 的直尺将混凝土顶面刮平，待其表面稍许干燥后，再用抹灰砂板将其刮平至设计标高。在混凝土施工中应着重注意路面的横向和纵向坡度。

第五，待完成混凝土面层的施工后，应及时进行养护，养护期一般为 7 天，若为冬季施工则应适当延长养护期。混凝土面层的养护可使用湿砂、塑料薄膜或湿稻草覆盖在路面上。

4.石板的铺装技术

第一，石板铺装前应先将背面洗刷干净，并在铺贴时保持湿润。

第二，在稳定层施工完成后进行放线，并根据设计坐标点和设计标高设置纵向桩和横向桩，每隔一块石板宽度画一条纵向线，横向线则按照施工进度依次下移，每次移动距离为单块板的长度。

第三，稳定层打扫干净后，洒水一遍，待其稍干后再在稳定层上平铺一层厚约3cm的干硬性水泥砂浆（比例为1：2），铺好后立即抹平。

第四，在铺石板前应先在稳定层上再浇一层薄薄的水泥砂浆，按照设计图案施工，石板间的缝隙应按设计要求保持一致。铺装面层时，每拼好一块石板，须将平直木板垫在其顶面用橡皮锤多处敲击，这样可使所有石板顶面均在一个平面上，有利于广场场地的平整。

第五，路面铺装完成后，使用干燥的水泥粉均匀撒在路面上并用扫帚扫入板块空隙中，将其填满。最后再将多余的水泥粉清扫干净。施工完成后，应对场地多次进行浇水养护，直至石板下的水泥砂浆逐渐硬化，将下方稳定层与花岗石紧密连结在一起。

第六，路面铺装完成后，使用干燥的水泥粉均匀撒在路面上并用扫帚扫入板块空隙中，将其填满。最后再将多余的水泥粉清扫干净。施工完成后，应对场地多次进行浇水养护，直至石板下的水泥砂浆逐渐硬化，将下方稳定层与花岗石紧密连接在一起。

（二）园路铺装技术

1. 木铺地园路铺装

木铺地园路石材采用木材铺装的园路。在园林工程中，木铺地园路是室外的人行道，面层木材一般是采用耐磨、耐腐、纹理清晰、强度高、不易开裂、不易变形的优质木材。

（1）砖墩

一般采用标准砖、水泥砂浆砌筑，砌筑高度应根据砖铺地架空高度及使用条件而确定。砖墩与砖墩之间的距离一般不宜大于2m，否则会造成木格栅的端面尺寸加大。砖墩的布置一般与木格栅的布置一致，如木格栅间距为50cm，那么砖墩的间距也应为50cm，砖墩的标高应符合设计要求，必要时可以在其顶面抹水泥砂浆或细石混凝土找平。

（2）木搁栅

木搁栅的作用主要是固定与承托面层。如果从受力状态分析，它可以说是一根小梁。木搁栅断面的选择，应根据砖墩的间距大小而有所区别。间距大，木搁栅的跨度大，断面尺寸相应的也要大些。木搁栅铺筑时，要进行找平。木搁栅安装要牢固，并保持平直在木搁栅之间设置剪刀撑，设置剪刀撑主要是增加木搁栅的侧向稳定性，将一根根单独的格栅连成一体，增加了木铺地园路的刚度。另外，设置剪刀撑，对于木搁栅本身的翘曲变形也起到了一定的约束作用。所以，在架空木基层中，格栅与格栅之间设置剪刀撑，是保证质量的构造措施。剪刀撑布置于木搁栅两侧面，用铁钉固定于木搁栅上，间距应按设计要求布置。

（3）面层木板的铺设

面层木板的铺装主要采用铁钉固定，即用铁钉将面层板条固定在木搁栅上。板条的拼缝一般采用平口、错口。木板条的铺设方向一般垂直于人们行走的方向，也可以顺着人们行走的方向，这应按照施工图纸的要求进行铺设。铁钉钉入木板前，也可以顺着人们行走的方向，这应按照施工图纸要求进行铺设。铁钉钉入木板前，应先将钉帽砸扁，然后在钉入木板内。用工具把铁钉钉帽捅入木板内 3~5mm。木铺地园路的木板铺装好后，应用手提刨将表面刨光，然后由漆工师傅进行砂、嵌、批、涂刷等油漆的涂装工作。

2. 花岗石园路铺装技术

园路铺装前应按施工图纸的要求选用花岗石的外形尺寸，少量的不规则的花岗石应在现场进行切割加工。先将有缺边掉角、裂纹和局部污染变色的花岗石挑选出来，完好地进行套方检查，规格尺寸如有偏差，应磨边修正。

在花岗石块石铺装前，应先进行弹线，弹线后应先铺若干条干线作为基线，起标筋作用，然后向两边铺贴开来，花岗石铺贴之前还应洒水润湿，阴干后备用。铺筑时，在找平层上均匀铺一层水泥砂浆，随刷随铺，用20mm 厚1∶3 干硬性水泥砂浆作黏结层，花岗石安放后，用橡皮锤敲击，既要达到铺设高度，又要使砂浆黏结层平整密实。对于花岗石进行试拼，查看颜色、编号、拼花是否符合要求，图案是否美观。对于要求较高的项目应先做一样板段，邀请建设单位和监理工程师进行验收，符合要求后再进行大面积的施工。同一块地面的平面有高差，比如台阶、水景、树池等交汇处，在铺装前，花岗石应进行切削加工，圆弧曲线应磨光，确保花纹图案标准、精细、美观。花岗石铺设后采用彩色水泥砂浆在硬化过程中所需的水分，保证花岗石与砂浆黏结牢固。养护期3 天之内禁止踩踏。花岗石面层的表面应洁净、平整、斧凿面纹路清晰、整齐、色泽一致，铺贴后表面平整，斧凿面纹路交叉、整齐美观，接缝均匀、周边顺直、镶嵌正确，板块无裂纹、掉角等缺陷。

3. 透水砖铺地

随着园林绿化事业的发展，有许多新的材料应用在园林绿地和公园建筑中，透水砖铺地就是一种新颖的砖块。

透水砖的功能和特点：

第一，所有原料为各种废陶瓷、石英砂等。广场砖的废次品用来做透水砖的面料，底料多是陶瓷废次品。

第二，透水砖的透水性、保水性非常强，透水速率可以达到5mm/s 以上，其保水性达到1217s 以上。由于其良好的透水性、保水性，下雨时雨水会自动渗透到砖底下直到地表，部分水保留在砖里面。雨水不会像在水泥路面上一样四处横流，最后通过地下水道完全流入江河。天晴时，渗入砖底下或保留在砖里面的水会蒸发到大气中，起到调节空气湿度，降低大气温度，清除城市"热岛"作用，其优异的透水性及保水性来源于该产品 20% 左右的气孔率。该产品强度可以满足，形式载重为 10t 以上的汽车。在日本等国家，城市人行道、步行街、公寓停车场等地施工时可以像花岗石一样进行铺筑。透水砖的基层做法是：素土夯实→碎石垫层→砾石砂垫层→反渗土工布→ 1：3 干拌黄沙→透水砖面层。从透水砖的基层做法中可以看出基层中增加了一道反渗土工布，使透水砖的透水、保水性能能够充分地发挥显示出来。透水砖的铺筑方法，同花岗石块的铺筑方法，由于其底下是干拌黄沙，因此比花岗石铺筑更方便些。

4.植草砖铺地

植草砖铺地石在砖的孔洞或砖的缝隙间种植青草的一种铺地。如果青草茂盛的话，这种铺地看上去是一片青草地，且平整、地面坚硬。有些是作为停车场的地坪。植草砖铺地的基层做法是素土夯实→碎石垫层→素混凝土垫层→细砂层→砖块及种植土、草籽，也有些植草砖铺地的基层做法是：素土夯实→碎石垫层→细砂层→砖块及种植土、草籽。

从以上种植草砖铺地的基层做法中心可以看出，素土夯实、碎石垫层、混凝土垫层与一般的花岗石道路的基层做法相同，不同的是在种植草砖铺地中有细砂层，还有就是面层材料不同。因此，植草砖铺地做法的关键也是在于面层植草砖的铺装。应按设计图纸的要求选用植草砖，目前常用的植草砖有水泥制品的二孔砖，也有无孔的水泥小方砖。植草砖铺筑时，砖与砖之间留有间距，一般为 50mm 左右，此间距中，撒入种植土，在撒入草籽，目前也有一种植草砖格栅，是一种有一定强度的塑料制成的格栅，成品是 500mm × 500mm 的一块格栅，将它直接铺设在地面上，再撒上种植土，种植青草后，就成了植草砖铺地。

第六节　园林供电与照明工程施工

一、供电设计与照明设计

供电是指将电能通过输配电装置安全、可靠、连续、合格的销售给广大电力客户，满足广大客户经济建设和生活用电的需要。供电机构有供电局和供电公司等。

照明是利用各种光源照亮工作和生活场所或个别物体的措施。利用太阳和天空光的称"天然采光"；利用人工光源的称"人工照明"。照明的首要目的是创造良好的可见度和舒适愉快的环境。

照明设计可分为室外照明设计和室内灯光设计。照明设计也是灯光设计，灯光是一个较灵活及富有趣味的设计元素，可以成为气氛的催化剂，是一室的焦点及主题所在，也能加强现有装潢的层次感。

随着社会经济的发展，人们对生活质量的要求越来越高，园林中电的用途已不再仅仅是提供晚间道路照明，而各种新型的水景、游乐设施、新型照明光源的出现等，无不需要电力的支持。

在进行园林有关规划，设计时，首先要了解当地的电力情况：电力的来源、电压的等级、电力设备的装备情况(如变压器的容量、电力输送等)，这样才能做到合理用电。

园林照明是室外照明的一种形式，在设置时应注意与园林景相结合，以最能突出园林景观特色为原则。光源的选择上，要注意利用各类光源显色性的特点，突出要表现的是色彩。在园林中常用的照明电光源除了白炽灯、荧光灯以外，一些新型的光源如汞灯(目前园林中使用较多的光源之一，能使草坪、树木的绿色格外鲜艳夺目，使用寿命长、易维护)、金属卤化物灯(发光效率高，显色性好，但没有低瓦数的灯，使用受到一定限制)、高压钠灯(效率高，多用于节能、照度高的场合，如道路、广场等，但显色性较差)亦在被应用之列。但使用气体放电灯时应注意防止频闪效应。园林建筑的立面可用彩灯、霓虹灯、各式投光灯进行装饰。在灯具的选择上，其外观应与周围环境相配合，艺术性要强，有助于丰富空间层次，保证安全。

园林供电与园林规划设计等有着密切的联系，园林供电设计的内容应包括：确定各种园林设施的用电量；选择变电所的位置、变压器容量；确定其低压供电方式；导线截面选择；绘制照布置平面图、供电系统图。

二、园林供电与照明施工技术

（一）照明工程

在施工过程中，主要分为以下几大部分：施工前准备、电缆敷设、配电箱安装、灯具安装。

1. 施工前准备

在具体施工前首先要熟悉电气系统图，包括动力配电系统图和照明配电系统图中的电缆型号、规格、敷设方式及电缆编号，熟悉配电箱中开关类型、控制方法，了解灯具数量、种类等。熟悉电气接线图，包括电气设备与电器设备之间的电线或电缆连接、设备之间线路的型号、敷设方式和回路编号，了解配电箱、灯具的具体位置，电缆走向等。根据图纸准备材料，向施工人员做技术交底，做好施工前的准备工作。

2.电缆敷设

电缆敷设包括电缆定位放线、电缆沟开挖、电缆敷设、电缆沟回填几部分。

（1）电缆定位放线

先按施工图找出电缆的走向后，按图示方位打桩放线，确定电缆敷设位置、开挖宽度、深度等及灯具位置，以便于电缆连接。

（2）电缆沟开挖

采用人工挖槽，槽梆必须按1：0.33放坡，开挖出的土方堆放在沟槽的一侧。土堆边缘与沟边的距离不得小于0.5m，堆土高度不得超过1.5m，堆土时注意不得掩埋消火栓、管道闸阀、雨水口、测量标志及各种地下管道的井盖，且不得妨碍其正常使用。开槽中若遇有其他专业的管道、电缆、地下构筑物或文物古迹等时，应及时与甲方、有关单位及设计部门联系，协同处理。

（3）电缆敷设

电缆若为聚氯乙烯铠装电缆均采用直埋形式，埋深不低于0.8m。在过铺装面及过路处均加套管保护。为保证电缆在穿管时外皮不受损伤，将套管两端打喇叭口，并去除毛刺。电缆、电缆附件（如终端头等）应符合国家现行技术标准的规定，具备合格证、生产许可证、检验报告等相应技术文件；电缆型号、规格、长度等符合设计要求，附件材料齐全。电缆两端封闭严格，内部不应受潮，并保证在施工使用过程中随用、随断，断完后及时将电缆头密封好。电缆铺设前先在电缆沟内铺砂不低于10cm，电缆敷设完后再铺砂5cm，然后根据电缆根数确定盖砖或盖板。

（4）电缆沟回填

电缆铺砂盖砖（板）完毕后并经甲方、监理验收合格后方可进行沟槽回填，宜采用人工回填。一般采用原土分层回填，其中不应含有砖瓦、砾石或其他杂质硬物。要求用轻夯或踩实的方法分层回填。在回填至电缆上50cm后，可用小型打夯机夯实。直至回填到高出地面100mm左右为止。回填到位后必须对整个沟槽进行水夯，使回填土充分下沉，以免绿化工程完成后出现局部下陷，影响绿化效果。

3.配电箱安装

配电箱安装包括配电箱基础制作、配电箱安装、配电箱接地装置安装、电缆头制作安装几部分。

（1）配电箱基础制作

首先确定配电箱位置，然后根据标高确定基础高低。根据基础施工图要求和配电箱尺寸，用混凝土制作基础座，在混凝土初凝前在其上方设置方钢或基础完成后打膨胀螺栓用于固定箱体。

（2）配电箱安装

在安装配电箱前首先要熟悉施工图纸中的系统图，根据图纸接线。对接头的每个点进行涮锡处理。接线完毕后，要根据图纸再复检一次，确保无误且甲方、监理验收合格后方可进行调试和试运行。调试时保证有两人在场。

（3）配电箱接地装置安装

配电箱有一个接地系统，一般用接地钎子或镀锌钢管做接地极，用圆钢做接地导线，接地导线要尽可能的直、短。

（4）电缆头制作安装

导线连接时要保证缠绕紧密以减小接触电阻。电缆头干包时首先要进行抹涮锡膏、涮锡的工作，保证不漏涮且没有锡疙瘩，然后进行绝缘胶布和防水胶布的包裹，既要保证绝缘性能和防水性能，又要保证电缆散热，不可包裹过厚。

4.灯具安装

包括灯具基础制作、灯具安装、灯具接地装置安装、电缆头制作安装几部分。

（1）灯具基础制作

首先确定灯具位置，然后根据标高确定基础高度。根据基础施工图要求和灯具底座尺寸，用混凝土制作基础座，基础座中间加钢筋骨架确保基础坚固。在浇筑基础座混凝土时，在混凝土初凝前在其上方放入紧固螺栓或基础完成后打膨胀螺栓用于固定灯具。

（2）灯具安装

在安装灯具前首先对电缆进行绝缘测试和回路测试，对所有灯具进行通电调试，确信电缆绝缘良好且回路正确，无短路或断路情况，灯具合格后方可进行灯具安装。安装后保证灯具竖直，再同一排的灯具在一条直线上。灯具固定稳固，无摇晃现象。接线安装完毕后检查各个回路是否与图纸一致，根据图纸再复检一次，确保无误且甲方、监理验收合格后方可进行调试和试运行。调试时保证有两人在场。重要灯具安装应做样板方式安装，安装完成一套，请甲方及监理人员共同检查，同意后再进行安装。

（3）灯具接地装置安装

为确保用电安全，每个回路系统都安装一个二次接地系统，即在回路中间做一组接地极，接电缆中的保护线和灯杆，同时用摇表进行摇测，保证摇测电阻值符合设计要求。

（4）电缆头的制作安装

电缆头的制作安装包括电缆头的砌筑、电缆头防水，根据现场情况和设计要求，及图纸指定地点砌筑电缆头，要做到电缆头防水良好、结构坚固。此外，在电缆过电缆头时要做穿墙保护管，此时要做穿墙管防水处理。先将管口去毛刺、打坡口，然后里外做防腐处理，安装好后用防水沥青或防膨胀胶进行封堵，以保证防水。

（二）电气安装工程施工工艺技术

1.管线敷设

（1）电线管、钢管敷设

①设计选用电线管、钢管暗敷，施工按照电线管、钢管敷设分项工程施工工艺标准进行。要严把电线管、钢管进货关、接线盒、灯头盒、开关盒等均要有产品合格证。

②预埋管要与土建施工密切配合，首先满足水管的布置，其次安排电气配管位置。

③暗配管应沿最近线路敷设并减少弯曲，弯曲半径不应小于管外径的 10 倍，与建筑物表面的距离不应小于 15mm，进入落地式配电箱管口应高出基础面 50~80mm，进入盒、箱管口应高出基础面 50~80mm，进入盒、箱管口宜高出内壁 3~5mm。

（2）穿线

①管内穿线要严把电线进货关，电线的规格型号必须符合设计要求，并有出厂合格证，到货后检查绝缘电阻、线芯直径、材质和每卷的重量是否符合要求。应按管径的大小选择相应规格的护口，尼龙压线帽、接线鼻子等规格和材质均要符合要求。

②管内穿线应在建筑结构及土建施工作业完成后进行，选穿带线，用 $\varphi 1.2 \sim \varphi 2.0$ 铁丝，两端留 10~15cm 的余量，然后清扫管道、开关盒、插座盒等的泥土、灰尘。

③穿线时注意同一交流回路的导线必须穿于同一管内，不同回路、不同电压的交流与直线的导线不得穿入同一管内，但以下几种情况除外：标准电压为 50V 以下的回路；同一设备或同一流水作业设备的电力回路和无特殊防干扰要求的控制回路；同一花灯的几个回路；同类照明的几个回路，但管内的导管总数不应多于 8 根。

④导线预留长度：接线盒、开关盒、插座盒及灯头盒为 15cm，配电箱内为箱体周长的 1/2。

2.配电柜（箱）安装

（1）开箱检查

柜（箱）到达现场应与业主、监理共同进行开箱检查、验收。柜（箱）包装及密封应良好，制造厂的技术文件应齐全，型号、规格应符合设计要求，附件备件齐全。主体外观应无损及变形，油漆完好无损，柜内元器件及附件齐全，无损伤等缺陷。

（2）柜（箱）的固定

先按图纸规定的顺序将柜做好标记，然后放置到安装位置上固定。盘面每米高的垂直度应小于 1.5mm，相邻两盘顶部的水平偏差应小于 2mm。柜（箱）安装要求牢固、连接紧密。柜（箱）固定好后，应进行内部清扫，用抹布将各种设备擦干净，柜内不应有杂物。

（3）母线安装

柜（箱）的电源及母线的连接要按规范及国际通行相位色环表示，相位应正确一致，保证进线电源的相序正确。

（4）二次回路检查

送电及功能测试。检查电气回路、信号回路接线牢固可靠，进行送电前的绝缘电阻检查应符合有关规定。按前后调试的顺序送电分别模拟试验、连锁、操作继电保护和信号动作，应正确无误、灵活可靠。

（5）安装完毕，应对接地干线和各支线的外露部分以及电气设备的接地部分进行外观检查，检查电气设备是否按接地的要求接有接地线，各接地线的螺丝连接是否接妥，螺丝连接是否使用了弹簧垫圈。接地电阻应小于40Ω。

3. 灯具、开关安装

（1）灯具安装

①灯具、光源按设计要求采用，所用灯具应有产品合格证，灯内配线严禁外露，灯具配件齐全。

②根据安装场所检查灯具（庭院灯）是否符合要求，检查灯内配线。灯具安装必须牢固，位置正确，整齐美观，接线正确无误。3kg以上的灯具，必须用镁吊钩或螺栓，低于2.4m灯具的金属外壳应做好接地。

③安装完毕，测得各条支路的绝缘电阻合格后，方允许通电运行。通电后应仔细检查灯具的控制是否灵活，开关与灯具控制顺序是否相对应。如发现问题必须先断电，然后查找原因进行修复。

（2）开关插座安装

①各种开关、插座的规格型号必须符合设计要求，并有产品合格证。安装开关插座的面板应端正、严密并与墙面平、成排安装的开关高度应一致。

②开关接线应由开关控制相线，同一场所的开关切断位置应一致，且操作灵活，接点接触可靠。插座接线注意单相两孔插座左零右相或下零上相。单相三孔及三相四孔的接地线均应在上方。交、直流或不同电压的插座安装在同一场所时，应有明显区别，且其插座配套，均不能互相代用。

4. 电气调试

（1）电气设备安装结束后，对电气设备、配电系统及控制保护装置进行调整试验，调试项目和标准应按国家施工验收规范电气交接试验标准执行。

（2）电气设备和线路经调试合格后，动力设备才能进行单体试车。单体试车结束后可会同建设单位进行联动试车，并做好记录。

（3）照明工程的线路，应按电路进行绝缘电阻的测试，并做好记录。

第四，接地装置要进行电阻测试并做好测试记录。

三、电气配置与照明在园林景观中的应用

近几年，随着城市建设的高速发展，出现了大量功能多样、技术复杂的城市园林环境，这些城市园林的电气光环境也越来越受到城市建设部门的重视和社会的关注。对园林光环境的营造正逐步成为建筑师、规划师以及照明设计工程师的重要课题。目前我国的园林设计行业仍处在初期发展阶段，不仅缺少专业设计人才和系统的园林电气技术规范，而且缺乏正确的审美标准和理论基础。

（一）园林景观中的电气配置与应用

优秀的环境电气设计一定要准确分析把握环境的性质，在电气照明方式的选择上力求要融入环境设计，使电气照明策划成为环境设计的有机组成部分，支持并展现园林环境的创作意图，帮助达成环境整体风格的照明塑造。环境照明设计应依据环境各类景观特点，做到风格一致。在策划设计园林环境夜间照明中，应考虑各种光元素对环境夜间基本性质的影响，使得观察者在相对于该环境的任何位置，都能获得良好的光色照明和心理感觉。不同的环境电气照明设计中对灯型和光源的选用必须和灯具安装场所的环境风格一致，和谐统一。在选择电气照明方式和光源时，环境现有景观的布置方式、建筑风格形式、园林绿化植物品种等因素都需综合考虑。此外，环境照明灯具的选用除了考虑夜间照明功能外，白天也必须达到点缀和美化环境的要求。

园林环境照明所要求的环境主题包括领域感、归属感、科技感、虚幻感等。环境照明的主题定位是至关重要的，它决定了其他各要素的安排。通过充分解剖被照对象的功能、特征、风格，透彻理解光影与环境的特定作用，模拟各视点和视距的夜景状态，加强建筑及环境对视觉感知的展示。借助夜景照明对环境关键特征的表现或夸张来丰富该主题。充分利用非均匀照明、动态照明，在需要光的时间，把适量的光送到最需要的地点，以人为本，展现主题个性化的设计，加强照明调控，关怀不同主题对光的不同需求，追求个性化的照明风格。仔细分析被照主题的方向与体量，环境主题照明要求根据设计目标来安排光的方向、体量。

（二）园林景观中的照明对象

园林照明的意义并非单纯将绿地照亮，而是利用夜色的朦胧与灯光的变幻，使园林呈现出一种与白昼迥然不同的旨趣，同时造型优美的园灯亦有特殊的装饰作用。

1.建筑物等主体照明

建筑在园林中一般具有主导地位，为了突出和显示硬质景观特殊的外形轮廓，通

常应以霓虹灯或成串的白炽灯安设于建筑的棱边，经过精确调整光线的轮廓投光灯，将需要表现的形体用光勾勒出轮廓，其余则保持在暗色状态中，这样就对烘托气氛具有显著的效果。

2. 广场照明

广场是人流聚集的场所，周围选择发光效率高的高杆直射光源可以使场地内光线充足，便于人的活动。若广场范围较大，又不希望有灯杆的阻碍，则应在有特殊活动要求的广场上布置一些聚光灯之类的光源，以便在举行活动时使用。

3. 植物照明

植物照明设计中最能令人感到兴奋的是一种被称作"月光效果"照明方式，这一概念源于人们对明月投洒的光亮所产生的种种幻想。灯光透过花木的枝叶会投射出斑驳的光影，使用隐于树丛中的低照明器可以将阴影和被照亮的花木组合在一起。灯具被安置在树枝之间，将光线投射到园路和花坛之上形成类似于明月照射下的斑驳光影，从而引发奇妙的想象。

4. 水体照明

水面以上的灯具应将光源隐于花丛之中或者池岸、建筑的一侧，即将光源背对着游人，避免眩光刺眼。叠水、瀑布中的灯具则应安装在水流的下方，既能隐藏灯具，又可照亮流水，使之显得生动。静态的水池在使用水下照明时，为避免池中水藻之类一览无遗，理想的方法是将灯具抬高贴近水面，增加灯具的数量，使之向上照亮周围的花木，以形成倒影，或将静水作为反光水池处理。

5. 道路照明

对于园林中可有车辆通行的主干道和次要道，需要使用一定亮度且均匀的连续照明的安全照明用具，以使行人及车辆能够准确识别路上的情况；而对于游憩小路则除了照亮路面外，还要营造出一种幽静、祥和的氛围，可使其融入柔和的光线之中。

（三）园林景观中的照明方式

1. 重点照明

重点照明是为了强调某些特定目标而采用的定向照明。为让园林充满艺术韵味，在夜晚可以用灯光强调某个要素或细部。即选择特定灯具将光线对准目标，使某些景物打上适当强度的光线，而让其他部位隐藏在弱光或暗色之中，从而突出意欲表达的部分，以产生特殊的景观效果。

2. 环境照明

环境照明体现着两方面的含义：一是相对重点照明的背景光线；二是作为工作照明的补充光线。主要提供一些必要亮度的附加光线，以便让人们感受到或看清周围的事物。环境照明的光线应该是柔和的，弥漫在整个空间，具有浪漫的情调。

3.工作照明

工作照明就是为特定的活动所设，要求所提供的光线应该无眩光、无阴影，以便使活动不受夜色的影响。对光源的控制能做到很容易的被启闭，这不仅可以节约能源，更重要的是可以在无人活动时恢复场地的幽邃和静谧。

4.安全照明

为确保夜间游园、观景的安全，需要在广场、园路、水边、台阶等处设置灯光，让人能看清周围的高差障碍；在墙角、丛树之下布置适当的照明，给人以安全感。安全照明的光线要求连续、均匀，有一定的亮度、独立的光源，有时需要与其他照明结合使用，但相互之间不能产生干扰。

（四）园林景观中的电气设计

园林景观照明的设计及灯具的选择应在设计之前作一次全面细致的考察，可在白天对周围的环境进行仔细的观察，以决定何处适宜于灯具的安装，并考虑采用何种照明方式最能突出表现夜景。

1.供电系统

用电量大的绿地可设置10kV高配，由高配向各10kV/0.4kV变电所供电；用电量中等的绿地可由单个或多个10kV/0.4kV变电所供电；用电量小的绿地可采用380V低压进线供电。绿地内变电所宜采用箱式变电站。绿地内应考虑举行大型游园时的临时增加用电的可能性，在供电系统中应预留备用回路。供电线路总开关应设置漏电保护。

2.电力负荷

绿地内常用主要电力负荷的分级为：一级，省市级及以上的园林广场及人员密集场所；二级，地区级的广场绿地。照明系统中的每一单独回路，不宜超过16A，灯具为单独回路时数量不宜超过25个，组合灯具每一单相回路不宜超过25A，光源数量不宜超过60个。建筑物轮廓灯每一单相回路不宜超过100个。

3.弱电和电缆

绿地内宜设置有线广播系统。大型绿地内宜设公共电话。除《火灾自动报警系统设计规范》指定的建筑外，对国家、省、市级文物保护的古建筑也应作为一级保护对象，设置火灾探测器及火灾自动报警装置。绿地内的电缆宜采用非金属性管理地敷设，电缆与树木的平行安全距离应符合以下规定：古树名木3.0m，乔木树主干1.5m，灌木丛0.5m。线路过长，电压降低难以满足要求时，可在负荷端采用稳压器升高并稳定电压至额定值。

4.灯光照明

无论何种园林灯具，其光源目前一般使用的有汞灯、金属卤化物灯、高压钠灯、荧光灯和白炽灯。绿地内主干道宜采用节能灯、金卤灯、高压钠灯、荧光灯作光源的灯具。绿地内休闲小径宜采用节能灯。根据用途可分为投光灯、杆头式照明灯、低照明灯、埋地灯、水下照明彩灯。投光灯可以将光线由一个方向投射到需要照明的物体，如建筑、雕塑、树木之上，能产生欢快、愉悦的气氛；杆头式照明灯用高杆将光源抬升至一定高度，可使照射范围扩大，以照全广场、路面或草坪；低照明灯主要用于园路两旁、假山岩洞等处；埋地灯主要用于广场地面；水下照明彩灯用于水景照明和彩色喷泉。

总之，在园林景观规划中电气设计要全面考虑对灯光艺术影响的功能、形式、心理和经济因素，根据灯光载体的特点，确定光源和灯具的选择。确定合理的照明方式和布置方案，经过艺术处理、技巧方法，创造良好的灯光环境艺术。它既是一门科学，又是一门艺术创作。需要我们用艺术的思维、科学的方法和现代化技术，不断完善和改进设计，营造婀娜多姿、美轮美奂的园林景观艺术。

第七节　园林给水排水工程施工

一、园林给排水工程定义

园林给排水与污水处理工程是园林工程中的重要组成部分之一，必须满足人们对水量、水质和水压的要求。水在使用过程中会受到污染，而完善的给排水工程及污水处理工程对园林建设及环境保护具有十分重要的作用。

（一）园林给水工程

1.功能和作用

为了安全可靠和经济合理地用水，为园林景观区内供应生活与服务经营活动所需的水，并满足对水质、水量、水压的标准要求，园林给水工程的水源有三种，即来自地表水、来自地下水和引用邻近城市自来水。

2.特点

园林给水工程特点有用水管网线路长、面广、分散，由于地形高度不一而导致的用水高度变化大，用水水质可据用途不同分别对待处理，在用水高峰期时应采取时间差的供给管理办法和饮用水以优质天然山泉水为最佳。

3.用途

在园林工程的给水过程中，为节约用水，应该加强对水的循环使用；具体对水的用途大致可分为以下四项内容。生活用水如宾馆餐厅、茶室、超市、消毒饮水器以及卫生设备等的用水；养护用水如植物绿地灌溉、动物笼舍冲洗及夏季广场、园路的喷洒用水等；造景用水如水池、塘、湖、水道、溪流、瀑布、跌水、喷泉等；水体用水以及消防用水如对园林景观区内建筑、绿地植被等设施的火灾预防和扑灭火用水。

（二）园林排水工程

1.园林排水工程含义

水在园林景观区内经过生活和经营活动过程的使用会受到污染，成为污水或废水，须经过处理才能排放。为减轻水灾害程度，雨水和冰雪融化水等亦需及时排放，只有配备完善的灌溉系统，才能有组织地加以处理和排放，这就是园林排水工程。

2.适用排水方式

园林排水工程根据实际情况，可采用渠、沟、管相结合的防水排水。园林给排水工程以室外配置完善的管渠系统进行给排水为主，包括园林景观区内部生活用水与排水系统、水景工程给排水系统、景区灌溉系统、生活污水系统和雨水排放系统等。同时还应包括景区的水体、堤坝、水闸等附属项目。

一个良好的给排水系统可以为人们的生活提供便利，作为公共休闲场所的园林，在人们的生活中不可或缺，因此加强对园林给排水工程的施工工艺的研究，为园林工程建造一个完善的给排水系统是非常必要的。有利于为人们构建一个和谐生态的生活环境。

二、园林给排水工程施工工艺

（一）园林给排水工程施工工艺

1.园林给水的特点

园林作为公共休闲场地，它的给水系统自有其特点。园林中各用水点较为分散，而园林一般地形起伏较大，所以各用水点高程变化也大，必要时，要安装循环水泵对水体进行加压，以保证各个用水点能有良好的供水。公园中景点多，各种公共场所也多，而这些地点的用水高峰期并不一样，这就可以分流错开时间供水，既保证用水量和用水质量，又不致影响其他部门供水。水在公园中不可缺少，但各个部门对于水的用途却不一样，这样对水质的要求也不一样。比如食堂、茶社等地用水，作为饮食用水，对水质的要求自然高，一般以水质较好的山泉为佳，当条件不够时，还需考虑从外地引入山泉；养护用水则只需要对植物无害、没有异味、不污染环境即可；造景用水可从附近的江河湖泊等大型水源处引入。必须注意的是，对于生活用水特别是饮用水，必须经过严格净化和消毒，各项标准达到国家相关规定时才可使用。

2.园林管网的布置与规划

在布置公园给水管网时，不仅要符合园内各项用水的特点，还需考虑公园四周的水源及给水管网布置情况，它们往往也会左右管网的布置方式。一般情况下，处于市区的公园给水管，只需一个接水点即可。这样又节约管材，又能减少水头损失。

3.给水管网的安排形式

进行管网布置时，应首先求出各点的用水量，按用水量进行布管。

（1）树枝式管网

树枝式管网的布置方式简单，节省管材。因其布线形式就像树枝的分叉分支，故名其为树枝式管网。它适用于用水较为分散的情况，比如分期发展的大小型公园。但当树枝式管网出现问题时，影响的用水面就会很大，要避免这个弊端，就需要安装大量的阀门。

（2）球状管网

球状管网这种形式的管网很费管材，故投资较大。它是把给水管网设计闭合成环，方便管网供水的相互调剂。这种管网还有一个优点就是当某一段出现故障时也不会影响其他管线的供水，从而提高管网供水效率。

安装球状管网时，有以下几点需要注意：支管要靠近主要的供水点及调节设施，如水塔及其他高水位池；支管布置宜避开地形复杂难于施工的地段，尽量随地形起伏布置，以较少工程的土石方量，当然布置的时候，需要以保证管线不受冻为前提；管道不宜埋设过浅，其覆土深度应不小于70cm，对于高寒冻结地区的管道，要埋设于冰冻线以下40cm处。当然，管道也不应埋得过深而增大工程造价；支管应尽量避免穿越园路，最好埋设在绿地下面；管道与管道及其他管线之间的间距要符合规范要求；水管网的节点处要设置阀门井，方便检修，并在配水管上安装消火栓。

4.灌溉系统的设计

长期以来，园林的喷灌一直采用拉胶皮管的方式，这不仅需要耗费大量劳力，而且容易折损花木，用水也不经济。随着我国城镇建设的快速发展，近年来，绿地面积也大大增加，人们对绿地质量的要求也越来越高，这种原始的方法已不能满足要求，迫切需要发展新的灌溉方式，实现灌溉的管道化和自动化。

（1）移动式喷灌系统

移动式喷灌系统是指一种动力、水泵、管道和喷头皆可移动的灌溉系统。这种设备的投资少，机动性也强，适用于有天然水源和水网地区的园林绿地灌溉，在比较大型的综合性公园应用较广。只不过这种系统对管理的要求较高。

（2）固定式喷灌系统

固定式喷灌系统需要有固定的泵站和供水的支管。喷头一般固定于竖管上，也可临时再安装。最近有一种较为先进的喷头，用的很多。这种喷头不工作时，可缩于整管或检查井中，到需要使用时打开阀门喷头便可自动工作，既不妨碍地面活动，不影响景观，便于管理，操作也方便，节约劳力，且便于实现管理的自动化和遥控操作。但这种固定式喷灌系统的造价和维护费用较高。

（二）园林排水工程施工工艺

1. 地面排水

在我国，大部分公园都以地面排水方式为主，辅以沟渠、管道及其他排水方式。这种方式既经济，又便于维修，对景观效果的影响也较少。地面排水可归结为五个部分，即拦、阻、蓄、分、导。拦就是把地表水拦截在某一局部区域。阻即在径流经过的路线上设置障碍物挡水。这还利于干旱地区园林绿地的灌溉。蓄是采取一些设施进行蓄水，还可以备不时之需。分即将大股的地表径流多次分流，减少其潜在危害性。导是把多余的地表水和大股径流利用各种管沟排放到园外去。但地面排水有一个弊端，就是容易导致冲蚀。为解决这个问题，在园林及管线设计施工时，首先要注意控制地面的坡度不致过大而增加水土流失；其次，同一坡度的坡长不宜过长，地形应有起伏；最后，要利用植物护坡防止地面冲蚀，一方面植物根部能起到固定土壤的作用，另一方面植物本身也有阻挡雨水，减缓径流的作用，所以这是防止地面冲蚀的一个重要手段。

2. 管渠排水

园林绿地一般采用地面排水方式，但在一些局部区域，比如广场周围等难于利用地面排水的地方，则需采用开渠排水或者设置暗沟排水的方式。这些沟渠中的水可分别直接排入附近水体或雨水管中，不需要搞完整的系统。管渠的设置要求如下：雨水管的最小覆土深度不小于 0.7m，具体按雨水连接管的坡度、外部荷载而定，特殊情况下，还得考虑冰冻深度。道路边沟的最小坡度为 0.0002°；梯形明渠为 0.0002°。在自然条件下，各种管道的流速不小于 0.75m/s，明渠不小于 0.4m/s。雨水管和雨水口连接管的最小管径也需符合规范要求，公园绿地的径流中枯枝落叶及夹带泥沙较多，容易造成管道堵塞，最小管径可适当放大。

3. 暗沟排水

暗沟排水这种方式适用于水流较大处，一般是在路边地下挖沟、垒筑，把雨水引至排放点后设置雨水口埋管将水排出，或者在挖地下暗沟以排除地下水。这种方式取材方便，造价低廉，且保持了地面的完整性，不影响景观效果，尤其适用于公园草坪的排水。

从水源取水，并根据园林各个用水环节对水质要求的不同分别进行对应的处理，然后将之送至各个用水点，这是给水系统。而利用管道以及地面沟渠等方式将各个用水点排出的水集中起来，经过处理之后再进入环境水体的过程则是排水系统。园林的给排水系统在园林生态系统的正常运转过程中发挥着重要作用，因此针对园林给排水工程的施工特点，提高给排水施工的技术水平对于保证园林的建设水平具有重要作用。

第七章 园林工程管理

第一节 园林工程管理概念

一、园林工程施工管理的内容与作用

（一）根据施工流程

园林施工管理内容包括：

1. 工程施工前准备

施工人员应详细了解工程设计方案，以便掌握其设计意图，并到现场进行确认考察，为编制施工组织设计提供各项依据。据设计图纸对现场进行核对，并依此编制出施工组织设计，包括施工进度、施工部署、施工质量计划等。认真做好场地平整、定点放线、给排水工程等前期工作。同时，做好物质和劳动组织准备。园林建设工程物资准备工作内容包括土建材料准备、绿化材料准备、构（配）件和制品加工准备、园林施工机具准备等。此外，劳动组织包括管理人员，有实际经验的专业人员以及各种有熟练技术的技术工人。

2. 工程施工管理

对园林绿化工程施工项目进行质量控制就是为了确保达到合同、规范所规定的质量标准，通过一系列的检测手段和方法及监控措施，使其在进行园林绿化工程施工中得以落实。

（1）工艺及材料控制

施工过程严格按绿化种植施工工艺完成，施工过程中的施工工艺和施工方法是构成工程质量的基础，投入材料的质量不符合要求，工程质量也就不能达到相应的标准和要求，因此严格控制投入材料的质量是确保工程质量的前提。对投入材料从组织货

源到使用认证，要做到层层把关。

（2）技术以及人员控制

对施工过程中所采用的施工方案要进行充分论证，做到施工方法先进、技术合理、安全文明施工。施工人员必须要有一定的功底和园林建设的基础、专业水准，才能将设计图纸上复杂的多维空间组景和植物的定位、姿态、朝向、大小及种类的搭配，通过对施工图纸的设计理念有所感悟和配合，调整与创造最佳的工程作品。应牢牢树立"质量第一，安全第一"的思想，贯彻以预防为主的方针，认真负责地做好本职工作，以优秀的工作质量来创造优质的园林绿化工程质量。

（3）工程质量检验评定控制

做好分项工程质量检验评定工作，园林绿化工程分项工程质量等级是分部工程、单位工程质量等级评定的基础。在进行分项工程质量评定时，一定要坚持标准、严格检查，避免出现判断错误，每个分项工程检查验收时均不可降低标准。

（4）工程成本控制

园林绿化施工管理中重要的一项任务是降低工程造价，也就是对项目进行成本控制。成本控制通常是指在项目成本形成过程中，对生产经营所消耗的能力资源、物质资源和费用开支，进行指导、监督、调节和限制，力求将成本、费用降到最低，以保证成本目标的实现。

3. 工程后期养护管理

加强园林绿化工程后期养护管理是园林绿化工程质量管理与控制的保证。园林绿化工程后期养护管理不到位，将严重影响园林绿化工程景观效果，影响工程质量。因此，必须加强园林绿化工程后期养护管理工作，确保工程质量。

（1）硬质景观的成品保护

因园林景观工程建成后大多实行开放式管理，人流量大，人为破坏严重，因此对成品的保护尤为重要。在竣工后，应成立专门的管理机构，建立一整套规章制度，由专人管理，对于出现损坏及时维修。

（2）绿化苗木的养护管理

绿化苗木的养护管理是保持绿化的景观效果、保障园林工程整体施工质量的重要举措。

（二）根据工程项目

施工管理内容包括：

工程开工之后，工程管理人员应与技术人员密切合作，共同搞好施工中的管理工作，即工程管理、质量管理、安全管理、成本管理及劳务管理。

1.工程管理

开工后，工程现场行使自主的工程管理。工程速度是工程管理的重要指标，因而应在满足经济施工和质量要求的前提下，求得切实可行的最佳工期。为保证如期完成工程项目，应编制出符合上述要求的施工计划。

2.质量管理

确定施工现场作业标准量，测定和分析这些数据，把相应的数据填入图表中并加以运用，即进行质量管理。有关管理人员及技术人员要正确掌握质量标准，根据质量管理图进行质量检查及生产管理，确保质量稳定。

3.安全管理

在施工现场成立相关的安全管理组织，制订安全管理计划，以便有效地实施安全管理，严格按照各工程的操作规范进行操作，并应经常对工人进行安全教育。

4.成本管理

城市园林绿地建设工程是公共事业，必须提高成本意识。成本管理不是追逐利润的手段，利润应是成本管理的结果。

5.劳务管理

劳务管理应包括招聘合同手续、劳动伤害保险、支付工资能力、劳务人员的生活管理等。

二、园林工程施工管理的作用

园林工程的管理已由过去的单一实施阶段的现场管理发展为现阶段的综合意义上的对实施阶段所有管理活动的概括与总结。随着社会的发展、科技的进步、经济实力的壮大，人们对园林艺术品的需求也日益增强，而园林艺术品的生产是靠园林工程建设完成的。园林工程施工组织与管理是完成园林工程建设的重要活动，其作用可以概括如下：

（1）园林工程施工组织与管理是园林工程建设计划、设计得以实施的根本保证。任何理想的园林工程项目计划，再先进科学的园林工程设计，其目标成果都必须通过现代园林工程施工组织的科学实施，才能最终得以实现，否则就是一纸空文。

（2）园林工程施工组织与管理是园林工程施工建设水平得以不断提高的实践基础。理论来源于实践，园林工程建设的理论只能来自工程建设实施的实践过程之中，而园林工程施工的管理过程，就是发现施工中存在的问题，解决存在的问题，总结、提高园林工程建设施工水平的过程。它是不断提高园林工程建设施工理论、技术的基础。

（3）园林工程施工组织与管理是提高园林艺术水平和创造园林艺术精品的主要

途径。园林艺术的产生、发展和提高的过程，实际上就是园林工程管理不断发展、提高的过程。只有把历代园林艺匠精湛的施工技术和巧妙的手工工艺与现代科学技术结合起来，并对现代园林工程建设施工过程进行有效的管理，才能创造出符合时代要求的现代园林艺术精品。

（4）园林工程施工组织与管理是锻炼、培养现代园林工程建设施工队伍的基础。无论是我国园林工程施工队伍自身发展的要求，还是为适应经济全球化，努力培养一支新型的能够走出国门、走向世界的现代园林工程建设施工队伍，都离不开园林工程施工的组织和管理。

第二节 园林施工企业人力资源管理

一、园林施工企业的业务特点

（一）业务内容多元

随着城市建设理念的进步和建设标准的提高，城市园林绿化的需求日益增大，由此带动园林行业结构逐渐变化、业务内容不断丰富。目前，园林施工企业涉及的业务范围已涵盖了城市绿化、生态修复和人文景观等内容，具体有道路绿化、地产绿化、广场公园建设、绿地湿地建设、厂区庭院绿化、风景名胜建设、屋顶及立面垂直绿化等。

从施工内容看，主要包括以下几方面内容：一是土方工程，主要包括地形塑造、场地整理、废土置换等；二是给排水工程，以植物灌溉、降水处理和盐碱处理为主；三是水景工程，包括小型水闸、驳岸、护坡、水池和喷泉等；四是假山工程，包括置石与假山布置、假山结构设施等；五是石材铺装工程，主要是园路和广场铺装为主的石材工程；六是绿化栽植工程，主要包括乔灌木种植、大树移植、地被草坪栽植等，还包括植物材料的养护管理；七是供电照明工程，主要包括道路照明、夜景灯光，以及游乐设施、影视音响、水景供电系统等；八是古建小品工程，包括以廊榭亭台为主的大型仿古建筑，也包括以休息、观赏、装饰、服务等为主的建筑小品。

（二）施工组织复杂

园林绿化施工从项目招标、原材料采购，到进场施工、养护管理等各个业务环节受自然和社会因素影响较多，造成组织复杂，管理困难。

1.范围广

园林绿化施工的主要内容包括施工测量、地形整理、排水系统、给水系统、电气照明系统、小品工程（假山、雕塑、喷泉等）、建筑工程（如古典建筑）、装饰工程（铺装）、钢结构安装工程、绿化及养护工程、休闲体育设施及标识等。涵盖专业包括建筑、市政道路、装饰、给水、排水、电气、钢结构、绿化等。

2. 季节性强

对于园林工程施工业务而言，苗木的种植与苗木资源在园林工程施工中的配置受季节性影响很大，尤其在北方地区，冬季寒冷，夏季酷热，大部分苗木不适宜栽植，但现在多数园林项目不考虑植物材料的季节性特点，必须规定时间段内完成施工，因此，即使进行复杂的技术处理，苗木成活率也得不到保证。同时，园林工程的施工还受雨雪天气等影响。

3. 工期紧

通常综合性园林工程由于社会影响力较大，领导及市民的期望值较高，预定工期大多不足，往往比正常工期减少较多，这就迫使施工单位调整组织设计，增加赶工措施，组织多工种交叉施工。

4. 变更量大

造成园林绿化施工变更量大的原因主要有设计与现场脱节，图纸与现场不符，在方案阶段，设计单位往往仅凭委托单位提供的现状图及规划图设计，未到现场进行勘察测量复核，对现场地下状况更不了解；建设单位特别是有关领导对大型园林工程均寄予厚望，到现场视察指导较多，很多指导意见形成了建设单位的变更；以及为了赶工期，在施工方案及材料上变更较多。

5. 战线长

城市中的园林绿化工程，不少是一条路一条街的美化，所以施工队伍会分散在较长的路段上，加上路街周边的空间有限，施工时的车辆、人员的回旋空间小；市区施工不可避免受行人、交通车辆等影响，不仅施工人员的安全系数不高，而且施工影响市民生命和财产安全的可能性也很大；同时还要考虑施工扰民、交通限行对工程车限制等因素。所以，施工组织的难度较大。

二、园林施工企业的人力资源结构特点

（一）类型多专业性强

园林学是一门融自然科学、工程技术与人文学科于一体的综合性交叉学科，所以，从事园林设计施工的企业需要建筑学、城市规划、农学、林学、景观设计、项目管理、

工程预算等众多方面的人才，以及大量具备实际操作能力的中职院校毕业的技术人员。由于园林施工企业大都多业态经营，每个业态之中还有非常多的业务分工，每一项业务的专业性是很强的，因此，园林施工企业必须具备各业务门类的专业人才，缺少哪一方面的人才都难以做好具体项目，甚至根本就竞争不到项目。当然，从园林工程建设的角度和企业的需求看，一个合格的园林人才要同时具备植物环境生态、建筑规划设计、艺术美学欣赏能力，这种复合型人才是企业竞争力的主要支撑力量。

但实际上同时具备多方面知识和能力的人才并不多，这与园林施工中各专业人才的知识和技能的跨度大、知识之间的契合度不大有关，也与当前高校对学生缺乏综合能力培养有关。例如工科院校的园林专业往往是在建筑学专业基础上向园林方向的适当偏移，毕业生对植物知识了解不够；农林院校的园林专业的毕业生侧重于园林绿化，缺乏建筑设计能力；综合性大学的园林专业则偏重于区域规划或是对景观地理学的深化和延伸；艺术院校毕业生更偏重于视觉的感受，对园林的工程技术知识了解甚少。将多方面的专业技术全部融会贯通难度很大，所以目前许多园林专业人才相关知识欠缺，特别是整个园林行业缺乏擅长苗木养护、工程管理和预算、规划设计的综合型专业技术人才。

（二）层次多差异性大

虽然每一个企业的人员都可以分成不同的层级，但不同的企业其成员构成的层级是不太相同的，或层级相同但层级间的差距是不同的。园林施工企业既需要规划、设计和管理的领军人物，也需要负责某一业务领域的技术和管理骨干、具体实施项目的现场熟练技工和生产一线的工人。园林施工企业与高新技术企业相比，人员的层级多、层级之间的差距大；与相似的工程建设企业比较，又在规划设计高层次人才方面有自己的需求。所以，人员层次多差异性大，也导致人力资源管理的难度增加。

（三）人才少流动性大

目前园林施工企业的人才缺口较大，一方面是社会对园林人才的评价水平较低，多数园林从业者认为社会地位不能从职位中彰显出来；另一方面，现存的园林人才的专业知识和技术水平参差不齐，不能满足多样化的工作需求，以完成工作任务。

一、园林工程招标投标管理

（一）招投标影响因素及流程

1. 招投标概述

招投标即对工程、服务项目以及工程事先公布的要求，以特定的方式组织和邀请一定数量法人或者其他组织进行投标，由招标人公开进行招标，选择最后的中标人或者中标企业。招投标制度最初诞生在 19 世纪的英国，当时资本主义盛行，相关法律制度为其更加坚实的保障。招投标制度经过不断完善和创新，逐渐得到了国际组织的认可，并成为一种较为合理的交易方式。

2. 影响工程招投标的因素

（1）相关法律法规建设还不够健全

建设工程招投标是在一个公平、公正、公开的平台上进行的竞争活动，是平衡市场的一种先进手段，是一个相互制约、相互配套的系统工程，由于我国招标投标制度起步晚，经验不足，与国外发达国家相比，招标投标方面的相关法律、法规体系尚不健全，行政监督和社会制约机制力度不够，往往在问题发生之前没有相关的整改措施。

（2）行政干预

招投标程序是相关行政部门制定的，在实际操作中行政部门具有监督权和管理权，不像发达国家的行政部门只是宏观管理，而不直接参与的方式，使得我国招投标难以实现公平竞争，许多工程项目招投标表面上看好像是招投标双方在平等互利的基础上进行交易，招投标的程序合理合法，但实际上在每个环节都可能出现"指导性意见"，很多工程建设单位不能独立自主地进行，都要受来自各方面的行政力量的干预和制约。有的主管部门滥用行政权力限定所属单位的工程"内定"给某个施工单位，出现陪标、围标等不良行为，使招投标徒具形式，出现规避招标和假招标现象。

（3）市场因素波动大

市场因素波动大，特别是影响工程造价的人工、材料、机械等价格变化。有地区差、季节差、年度差、品种差等，加之我国的市场经济实施的较迟，其调控力度不大，还受很多因素影响和控制，招标单位和投标单位控制工程造价的难度都很大，易造成招标定价和投标报价的失控。

（4）标底随意和泄密

虽然我国实行了招标投标制度，受长期的习惯影响，建设单位的主观倾向性还是普遍存在的，加上行贿受贿、关系、情面等影响，标底极易泄露，保密性差，有时为了让自己心中的单位中标，标底编制很不严谨，为的是让其他投标单位偏离标底而流标。

（5）评标定标缺乏科学性

评标定标是招标工作中最关键的环节，也是最易出现问题的环节，其直接关系到招标方和投标方的切身利益，也直接影响工程的实施，是实现工程"三控制"目标的关键之一。要保证评标定标的公平合理，必须要有一个公正合理、科学先进、操作准确的评标方法。

其实最主要的还是人的因素：

①评标委员会是由单数5人以上的人员组成，而且专家要占2/3，评标尺度、标准、主观权都有很大的自由度，在评标过程中自由性、随意性较大，规范性不强。

②评标中定性因素多，定量因素少，缺乏客观公正。

③人为流标现象时有发生，根据《中华人民共和国招标投标法》规定，投标单位少于3个的必须重新招标，连续两次流标的可以议标。有些建设单位就是抓住这点，人为的限制投标单位数量，达到议标的目的。

（二）园林工程投标流程与管理

1.园林工程投标前期工作

（1）认真研读招标文件和设计图纸

必须仔细研究设计的主题立意，提炼设计的中心重点内容，分析项目的技术难点，并科学说明解决技术难点的详细步骤，力求采用新材料、新方法、新工艺，以突出自身的技术优势。

（2）认真勘察施工现场的环境

投标环境是招标工程项目施工的自然、经济和社会条件。投标环境直接影响工程成本，因而要完全熟悉掌握投标市场环境，才能做到心中有数。主要内容包括：场地的地理位置；地上、地下障碍物种类、数量及位置；土壤（质地、含水量、pH值等）；气象情况（年降水量、年最高温度、最低温度、霜降日数及灾害性天气预报的历史资料等）；地下水位；冰冻线深度及地震烈度；现场交通状况（铁路、公路、水路）；给水排水；供电及通信设施。材料堆放场地的最大可能容量，绿化材料苗木供应的品种及数量、途径以及劳动力来源和工资水平、生活用品的供应途径等。

（3）认真听取招标单位对项目施工的补充要求

在充分了解和明确招标文件与设计图纸内容之后，务必要了解投资方有什么新的意向，主观上还有什么其他设想。应在不违反招标文件规定、不影响工程施工质量的前提下，尽可能考虑和吸纳投资方的主观意向。这样制定出来的技术标，将更具有竞争力。

2.优化施工方案

施工方案一方面即是招标单位评价投标单位水平的主要依据，另一方面也是投标单位实施工程的基本要领，通常都由投标单位的技术负责人来制。一份优秀的施工方案无疑会在竞标过程中为本企业加分。在制定园林工程施工方案时，应注意如下两点：

（1）投标文件应当对招标文件提出的实质性要求和条件作出响应。投标文件内容应该结合施工现场具体条件，按照招标文件要求的工程质量等级和工期要求，根据施工场地条件、交通状况和工程规模大小，认真研究绿化施工图纸，结合自身的施工技术水平、管理能力等诸多因素，合理安排施工顺序和苗木栽种顺序，恰当选择施工机具，提高具体措施如何利用有利因素，规避不利因素，保障工程质量和工程进度。这些具体措施往往能得到业主赏识，从而达到出奇制胜的效果。在招标文件要求的情况下，施工单位如果发现有某些设计不合理并可以改进之处，根据自己的苗木来源和环境条件需要，在符合相关规范的要求下，可提出自己的优化设计或节约投资的设计变更。

（2）很多施工单位编制的投标书空话连篇，照搬教科书，具体措施缺乏可操作性。为避免这一现象的发生投标书中提出的管理机构、施工计划、施工机械、苗木组织、各项施工技术措施（包括栽植措施、养护管理措施等）、安全措施、保洁措施等应真正符合园林招标的要求。

3.做好预算编制工作

（1）校核工程量

由于现在的项目均采用量价分离的形式进行报价，因此，投标人在投标前一定要对招标文件中的工程数量进行复核。投标单位应根据招标文件的要求和招标方提供的图纸，先按工程量计算规则计算出工程量，以便于计算出整个项目的实际成本，然后再与招标单位提供的工程量清单进行比较和分析。

审核中，要视招标单位是否允许对工程量清单内所列的工程量来进行调整决定审核办法。如果允许调整，就要详细审核工程量清单内所列的各工程项目的工程量，对有较大误差的，通过招标单位答疑会提出调整意见，取得招标单位同意后进行调整；如果不允许调整工程量，则不需要对工程量进行详细的审核，只对主要项目或工程量大的项目进行审核。这样，一来可以审核所算的实际成本是否正确，二来可以找出工程量清单工程数量与最终工程数量的差异，或者是否遗漏工程项目。经过认真分析，就可对综合单价进行技术处理。在复核工程量清单中的数量时，对照图纸弄清楚清单中每一项目的数量究竟是哪些工序的数量组成的。

（2）准确套用定额

园林工程中项目众多，这里重点对苗木与土方两方面进行分析。

①苗木费用

绿化种植工程中，工程苗木费用在预算造价中占有很大比重。不同于其他建材价格比较稳定的特点，苗木价格在不同季节价目都会有些变化，所以预算的编制要按照设计的时间套用当季苗木价格。

苗木费用的几种取定方法为：地区性建设工程材料指导价格上有相应规格苗木单价的，按其作为苗木价。一般指材料采购并运输至施工现场的价格，没有特殊情况，不需增加苗木运输费用。指导价上没有的，参考上季度指导价或者附近省市公布的苗木价格的资料，综合考虑运输搬运费用作为苗木价。资料上都找不到的，可以咨询附近苗圃。一般园林绿化设计都会选择比较适宜当地环境生长的苗木，大都可以在附近苗圃中找到相应规格的苗木。

②土方工程费用

原地形标高、土壤质量符合绿化设计和植物生长要求不需另外增加土方时，可计算一次平整场地费用。原地形标高符合设计要求，少量土方质量不符合植物生产要求时，一般可采用好土身深翻到表面，垃圾土深埋到地下的施工方法，按实际挖土量计算。原地形标高太低时，采用种植土内运的方法。按实际内运的土方量计算。运输距离较远的要考虑运输费用。原地形标高太高时，计算多余土方的立方数，套用相应挖土及土方外运的定额。

4.报价要有技巧

（1）基础价格要准确

园林施工企业在编制报价时，要把人工单价、材料、机械单价作为基础价格，利用行业或企业定额的消耗量及取费费率确定工程单价。因此基础价格的水平直接影响到总价水平，只有基础基价计准确，才能保证总价的准确。基础标价、测算的最低标价和测算的最高标价按下列公式计算：基础标价 = $\sum$ false 报价项目 × 单价最低标价 = 基础标价 -（估计赢利 × 修正系数），最高标价 = 基础标价 +（风险损失 × 修正系数）。一般情况下各种赢利程度或风险损失很少在一个工程中百分之百出现，所以应加修正系数 0.5~0.7。

（2）取费费率应取满

投标报价时所采用的间接费率、利润率和税率都将成为施工时业主计算索赔费用的依据。为了将来能获得较高的索赔费，费率应取满。降低报价水平可以通过提高人工和机械效率来实现。

（3）采用不平衡报价法

不平衡报价法是相对通常的平衡报价（正常报价）而言的，是在工程项目的投标总价确定后，根据招标文件的付款条件，合理地调整投标文件中子项目的报价，在不抬高总价以免影响中标（商务得分）的前提下，实施项目时能够尽早、更多地结算工程款，并能够赢得更多利润的一种投标报价方法。

园林工程采取不均衡报价法应注意以下几点：

①招标文件中明确投标人附"分部分项工程量清单综合单价分析表"的项目，应注意将单价分析表中的人工费和机械费报高，将材料费适当报低。

②常用项目可报高价，如土方工程、砌、砌体、铺装等。大多在前期施工中能早日回收工程款，而在后期施工项目适当可低一些，同时可以解决资金回笼快的问题。

③苗木报价时注意本土植物及特色品种报高，外地引进植物树种宜低，因为外地引进植物变更的可能性较大。

④特种材料和设备安装工程编标时，由于目前参照的定额仍是主材、辅材、人工费用单价分开的，对特殊设备、材料，业主不一定熟悉，市场询价困难，则可将主材单价提高。而对常用器具、辅助材料报价低。

⑤对后期园林工程养护其报价可适当低一些。

在当前市场经济体制趋于完善背景下，工程项目无论是数量还是规模都在不断增加，招投标方式逐渐成为工程建设主要的交易方式，鼓励公开和自由的招投标，有助于政府和市场、市场和各个主体之间搭建密切的沟通桥梁，提升园林工程建设质量，规避工程建设中的腐败现象。由此看来，加强城市园林工程招投标管理工作十分有必要，对于后续工程建设活动开展具有一定参考价值。

（三）城市园林工程中招投标的主要问题

1. 施工单位信誉问题

城市园林工程由于自身特性，需要结合实际情况进行长期规划，但是在实际招投标工作开展中，能邀请的施工单位最多6家，最少3家，邀请的施工单位是由招标单位所决定。也正是由于这个现象，导致很多实力雄厚、施工技术水平较高的施工单位落选，实力较弱的入选机会反而更大一些。

2. 标底不规范问题

自招投标制度引进我国以来，已经超过了数十年，经过不断完善和发展，在实践中取得了较为可观的成效，但是其中漏项现象较为常见，致使很多工程造价的设定脱离了工程施工方案的影响，很容易出现工程造价同市场价格不符的现象。

3. 评标活动问题

评标是邀请一些专业人士参加，很容易受人为因素影响。尽管有相关规定要求邀请的专家需要具备较高的技术和经济才能，但是在实际评标中，邀请的却不是专业技术人才，致使评标结果存在较大的局限性。主要表现在官员与投标人存在一定关系，投标人可能依靠双方的良好合作关系而竞标成功。

1.建立完善的施工单位网络

对于城市园林工程招投标中存在的施工单位问题，应建立完善的施工单位网络系统，将整体实力较强的施工单位整理后发布到网络上，只要是工程超过 50 万元的就要发布到网上，确保依法开展招投标工作，更加公开透明。

2.培养高素质人才

针对标底问题，应结合实际情况，培养一批更高素质、高水平的专业人才，不断强化这部分人员的专业素质和政治素质，能够全身心投入到工作中，提升工作成效。在这部分群体中，可以选择一些实践工作丰富的人员进行重点培养，结合实际情况，深入地进行市场调查，编制符合市场工程造价的标底，并通过政府核查无误后，方可采用。

3.建立评标专家数据库

为了确保评标活动的准确性，保证招投标工作的公平、公正和公开，应建立评标专家数据库，将工程相关技术信息和经济信息整合在其中，需要注意的是，收集信息的这些专家应具有较高的业务素养，严于律己，明晰自身职责。以此来规避一些地方官员充当评标专家现象的出现，保证评标结果公正、公平、公开。

4.加强法律合同意识

招投标工作应依法开展，首先需要具备较高的法律意识，提高对合同文本的重视程度，养成良好的合同意识，能够根据法律法规和相关政策，切实维护双方切身利益。

二、园林工程合同管理

（一）园林工程合同的含义

工程合同是一种契约，是发包人、承包人、监理人、设计人等当事人之间依法确定、变更、终止民事权利义务关系的协议。园林工程合同主要针对园林绿化行业。依法签订的工程合同是工程实施的法典，竞争的规则，运行的轨道。

工程合同管理有两个层次：第一层次是政府对合同的宏观管理，第二层次是企业对合同实施的具体管理。

（二）园林工程合同风险控制主要分类

根据合同履行的阶段划分，园林工程合同风险控制分为事前控制、事中控制和事后控制。基于全流程管理模式，这里认为工程合同风险管理的范畴应该更加宽广，需涵盖项目承接前。

① 事前控制主要对发包人的资讯解析、对项目的资讯解读、参与招投标。

② 事中控制主要针对项目中标后图纸会审、合同签订和施工管理等过程。

③ 事后控制主要针对竣工结算和项目移交。

（三）园林工程风险控制内容

1. 事前控制

事前控制主要有对发包人的资讯解析、对项目的资讯解读、参与招投标。

（1）对发包人的资讯解析

资讯解析主要要了解合同履行的最重要主体——发包人的单位性质、品牌信用美誉度、财务状况付款能力等。属政府项目，则需进一步了解项目所在地政策投资环境是否良好，此类讯息关系到项目履行的难易。

（2）对项目的资讯解读

主要了解项目是否合法。有无用地、规划、施工许可、建设资金来源等相关的法律文件。

（3）参与招投标

招投标主要是解读招标公告、招标文件、现场踏勘及询标等相关工作。

①招标文件是指由招标人或招标代理机构编制并向潜在投标人发售的明确资格条件、合同条款、评标方法和投标文件相应格式的文件。主要组成有前附表、投标须知、合同主要条款、合同格式、工程量清单（当采用工程量清单招标形式时）、技术规范、设计图纸、评标标准和方法及招标文件的格式等。其中重点关注和分析两个方面：一是施工图纸，有无缺少图纸、有无特殊要求；二是工程量清单，有无漏项、有无大的偏差。

②现场踏勘的重点关注有两方面：一是场地的三通一平情况，诸如施工用地、用水、道路，关系到机械、材料安排和成本投入影响；二是周边环境情况，有无厂矿企业居民区等，关系到安全投入、施工时间安排及成本影响。

③完成了对招标文件的分析解读和现场踏勘后，对项目情况基本了解，在询标阶段可有的放矢、提出问题。

在以上三个方面事前控制重点解读通过后，即可较好地形成项目基本评判和事前风险预估，并有针对性地编制标书、参与投标。

2. 事中控制

事中控制主要针对项目中标后图纸会审、合同签订和施工管理等过程。

（1）图纸会审

图纸会审是指园林工程各参建单位（发包人、监理人、施工人）在收到设计人施工图设计文件后，对图纸进行全面细致的解析，审查施工图中存在的问题及不合理情况并提交设计方进行处理的一项重要活动。

图纸会审由发包人组织并记录。通过图纸会审可以使各参建单位特别是施工人员熟悉设计图纸、领会设计意图、掌握工程特点及难点，找出需要解决的技术难题并拟定解决方案，从而将因设计缺陷而存在的问题消灭在施工之前。

施工单位若对此环节重视度不够，因设计缺陷而经常会导致后续施工过程的不畅与被动。在图纸会审后发现有设计缺陷的，必须及时提出；发现有图纸漏项的，必须补充图纸。同时，必须进行工程量复核。复核的内容有工程量有无缺项、有无超出误差范围以及是否有未按照国家现行计量规范强制性规定计量的情况。

（2）合同签订

施工合同的组成主要有合同协议书、通用合同条款及专用合同条款。

①合同协议书需再次关注发包人、承包人的主体资格和履约能力，以及合同的起草权，一定程度上将影响到主动权。

②通用合同条款则重点关注合同价格形式。有单价合同、总价合同及其他价格形式。

单价合同是指单价相对固定，在约定的风险范围内合同单价不做调整。在约定的风险范围以外应当调整价款。因此，单价合同的结算价 = 实际完成的工程量 × 单价 + 合同调整价款。单价合同的风险特点是，承包人承担了单价的风险，发包人承担了工程量的风险。单价合同适用于规模较大、工艺相对复杂、工期较长、设计文件深度不够，不能准确计算出工程量的项目。实行工程量清单计价的工程，一般宜采用单价合同。

总价合同是合同总价相对固定，在约定的风险范围内总价不做调整，风险范围以外应当调整。因此，总价合同的结算价 = 合同总价 + 合同调整价款。总价合同的风险特点是，承包人既承担了合同内工程量计算错误的风险，又承担了报价的风险。发包人容易控制工程造价，承包人风险较大。总价合同适用于规模偏小、技术简单、工期较短，并且施工图设计经过审查批准，能够准确计算出工程量的项目。需要注意的是，就同一工程项目只能选择一种合同价格形式。有的工程在协议书中约定了采用固定总价合同，在专用条款中却又约定按照定额结算，因此发生扯皮。

计价方式需要注意的是使用国有资金投资的建设工程发承包，必须采用工程量清单计价。工程量清单应采用综合单价计价。清单计价是指将工程费用划分为分部分项工程量清单、措施项目清单、规费、税金。

③专用合同条款包括措施项目中的安全文明施工费、规费和税金必须按国家或省级、行业建设主管部门的规定计算，不得作为竞争性费用。以上几方面必须在合同签订前重点关注、逐一修正。

（3）施工过程管理

当工程合同签订后，接下来进入施工管理过程。在施工管理过程中的合同风险控制重点关注工程变更、工程索赔和工程资料收集。

①工程变更

工程变更主要包括变更的范围、变更的程序、变更估价及承包人的合理化建议。

第一，变更的范围有发包人提出的设计变更、承包人提出的设计变更以及其他的合同内容变更。其他变更有双方对工程质量要求的变化（如涉及强制性标准的变化）、双方对工期要求的变化、施工条件和环境的变化导致施工机械和材料的变化等。

第二，变更的程序为发生上述任何变更情形，务必要按照合同约定的变更程序签署完备相关文件资料。

第三，变更估价是由于工程量清单漏项或设计变更引起的新的工程量清单项目，其相应综合单价由承包人提出，经发包人确认后作为结算的依据。

第四，由于工程量清单的工程数量有误或设计变更引起工程量增减，属合同约定幅度以内的，应执行原有的综合单价；属合同约定幅度以外的，其增加部分的工程量或减少后剩余部分的工程量的综合单价由承包人提出，经发包人确认后作为结算的依据。

②工程索赔

工程索赔主要有工期延误、不利物质条件、异常恶劣的气候条件及暂停施工等。

第一，这里的工期延误是因发包人原因导致的工期延误。

第二，不利物质条件除专用合同条款另有约定外，是指承包人在施工场地遇到的不可预见的自然物质条件、非自然的物质障碍和污染物，包括地下和水文条件，但不包括气候条件。承包人遇到不利物质条件时，应采取适应不利物质条件的合理措施继续施工，并及时通知监理人。监理人应当及时发出指示，指示构成变更的，按合同约定办理。监理人没有发出指示的，承包人因采取合理措施而增加的费用和（或）工期延误，由发包人承担。

第三，异常恶劣的气候条件是对气候正常相对而言的。所谓气候正常，是指气候的变化接近于多年的平均状况，比较合于常规和较适宜于人类的活动和农业生产。异常气候是不经常出现的，如奇冷的天气、奇热、严重干旱、特大暴雨、严重冰雹、特强台风等。它对人类的活动和农业生产有严重的影响。

发生以上任何一种情形，施工方必须严格按合同约定签署完备相关文件资料暂停施工，从工程合同履行的情况来看，工程索赔方面的工作经常被施工方忽视而导致利益受损。

③工程资料收集

工程资料收集工作贯穿施工管理的全过程，其完备程度关系到最终的工程结算的速度与利益。常规的文件资料如招投标文件、中标通知书、开工报告、施工合同等。

其他重要的工程资料收集还包括会议纪要、复核记录、隐检记录、验收单、复测记录、照片影像资料及其他相关资料。共同构成完备的工程资料，是工程验收与结算的基础依据。园林企业在实际项目管理过程中，经常会忽视工程资料收集的完备度而因此影响工程竣工验收、拖延工程审计结算、降低工程利润。

④竣工图绘制

利用施工图改绘竣工图，必须标明变更修改依据；凡施工图结构、工艺、平面布置等有重大改变，或变更部分超过图面1/3的，应当重新绘制竣工图及盖上竣工图章方算合格。

3.事后控制

事后控制主要指工程竣工验收后的竣工结算与工程移交阶段。如果事前控制与事中控制到位，事后控制就相对容易了。

（1）竣工结算

①结算依据

施工合同、工程竣工图纸及资料、双方确认的工程量、双方确认追加（减）的工程价款、双方确认的索赔、现场签证事项及价款、投标文件、招标文件及其他依据。

②结算编制

在工程进度款结算的基础上，根据所收集的各种设计变更资料和修改图纸，以及现场签证、工程量核定单、索赔等资料进行合同价款的增减调整计算，最后汇总为竣工结算造价。竣工结算是在工程竣工并经验收合格后，在原合同造价的基础上，将有增减变化的内容，按照施工合同约定的方法与规定，对原合同造价进行相应的调整，编制确定工程实际造价并作为最终结算工程价款的经济文件。在调整合同造价中，应把施工中发生的设计变更、费用签证、费用索赔等使工程价款发生增减变化的内容加以调整。

竣工结算价款的计算公式为：竣工结算工程价款＝预算或合同价款＋施工过程中预算或合同价款调整数额－预付及已结算工程价款－质量保证（保修）金。

③报送审计结算前重点审查内容

报送审计结算前重点审查内容有核对合同条款、核对设计变更签证、按图核实工程数量、严格按合同约定计价、注意各项费用计取以及防止各种计算误差，注意切勿漏项。

（2）工程移交

工程竣工验收合格后即开始养护阶段。关注养护质量，关系到最后移交时的结算。须注意提前与发包人对接，按期移交，尽快回收质量保证金，才是工程合同最终履行完毕。质量保证金是工程利润的重要组成部分。

园林工程从前期承接到施工管理到最终移交，一般周期较长，涉及管理人员与事项较多，一旦某些环节管理控制不到位，就会影响到工程整体进程与利润，因此，需要全过程全方位管理。只有事前控制、事中控制与事后控制全跟上，才能将合同风险降至最低。

第四节 园林工程成本管理

一、园林工程成本管理

（一）成本管理概述

成本一般是指为了进行某项生产经营活动所发生的全部费用。项目成本是指项目从设计到完成（直至维护保养）全过程所耗用的各种费用的总和。

项目成本管理是指在项目实施过程中，为了确保项目在成本预算内尽可能高效率地完成项目目标，使其所花费的实际成本不超过预算成本而对项目各个过程进行的管理与控制。

1. 项目成本管理原则

项目成本管理原则是强化项目成本概念，追求项目成本最低的原则；健全原始统计工作，实现全面成本管理原则；层层分解的原则；以及科学管理、切实有效的原则。

工程项目成本管理是在保证满足工程质量、工期等合同要求的前提下，采取组织、经济、技术等措施，实现预定的成本目标，并尽可能地降低成本费用、实现目标利润、创造经济效益的一种科学管理活动。

2. 项目成本控制的主要对象及内容

（1）项目成本控制必须贯穿整个项目管理的始终，对项目成本要实行全面、全过程控制。控制内容包括：设计阶段的成本控制、工程招投标阶段的成本控制、施工阶段的成本控制、后期管护阶段成本控制。

（2）以项目的职能部门、施工单位和生产班组作为成本控制的对象。成本控制的具体内容是日常发生的各种费用和损失，项目的职能部门、施工单位和班组要对自己承担的责任成本进行自我控制。

（3）对分部、分项工程进行成本控制，使成本控制工作做得更扎实、更细致，真正落到实处。

（4）项目都以经济合同为纽带建立契约关系，以明确各方的权利和义务。在签订经济合同时，除了要根据业务要求规定时间、质量、结算方式和履约奖罚等条款外，还强调要将合同的数量、单价、金额控制在预算收入以内。

成本控制的目标不应是孤立的，它应与质量目标、进度目标、效率、工作量要求等相结合才有它的价值。

（二）园林施工成本管理与控制

1.园林施工实现成本控制的意义

对于企业来说，提高企业经营管理水平的重要手段之一就是实现园林施工中的成本控制。经营管理费用的支出和施工过程的消耗及损耗是施工过程中成本的主要两个部分，这两部分费用是不可或缺的支出项目，也是园林施工成本控制必须把握的两个关键点。成本控制在合理范围内，不仅为企业节约了资金，也能为企业提高管理水平，树立良好企业形象。在实行该成本控制的过程中，要对项目施工生产的一些管理工作提出具体要求，比如供应物资、技术支持、工资发放和财务管理等工作，将这些要求开展起来，并形成各项控制指标和规章制度。其次，施工项目管理是企业管理的重要部分，控制好园林施工中的成本也是体现企业整体管理水平的重要部分。

2.园林工程成本构成

公司在进行园林工程施工过程中使用机械、材料和其他一些费用进行监视与控制等，使企业每一笔钱都能用到实处，针对即将发生的错误或风险做出及时的控制，以寻求最低的支出，确保企业利润的损失和利润最大化称之为成本控制。园林施工企业与其他性质的企业还有很大不同，园林企业的产品是景观，在整个建筑过程中不能实行标准化建设，因为地形及各种因素的影响设计图纸会有较大的变更，不能得到统一的标准的图集。由于园林景观在建造的过程中所需要的材料较少，而且品种也比较多，所以，材料更新得会比较快，这样在进行成本控制的时候也就缺少了可靠性，使施工成本管理变得无章可循。致使施工成本在控制过程中遭受重大困难，但是这也不代表施工成本无法预算，无法控制。

3.加强园林工程成本管理的具体措施

（1）在招投标阶段中的工程成本管理

科学合理的编制招标文件将有利于建设单位有效利用招投标这一有效竞争手段对工程成本进行控制。因此，在工程量清单及标底编制过程中，一定要确保清单项目齐全，千万不要有任何的遗漏，尤其是对施工图中没有明确表述的"三通一平"（水通、电通、路通和场地平整）和"五通一平"（通水、通电、通路、通讯、通排水、平整土地）等等。工作人员在计算过程中务必将具体工作内容进行细致的描述，以便建设单位对分部分项单价实施有效管理，也能够告知投标单位投标报价时应该考虑的重要因素，这可以有效减少那些不必要的签证；对那些可优化设计控制工程量的项目，可考虑采用包干的办法进行清单的编制，使承包方尽可能地减少工程量；在招标方式的选择上，要尽可能地排除掉那些低于成本价标书很多的、摒弃最低价中标法这些不合理的招标方式，确保工程质量的上乘和建筑市场的健康发展。值得注意的是，在施工合同签订过程中，尽可能地使用建设主管部门制定的标准合同文本，注重每个文字的严谨，避免给日后留下不必要的麻烦，从而给工程建设的投资控制工作提供方便。

（2）强化成本管理意识

园林工程项目成本管理要想取得成效，首要因素就是要强化成本管理意识，积极营造成本管理的氛围。园林绿化施工企业要采取一定的措施增强主管人员的成本管理观念，还要让参与到园林工程项目施工的每个人员都具备成本管理意识。建立相应的成本管理控制体系，也就是以项目经理作为成本管理的主要责任人，各个管理层和施工者踊跃参与的成本管理网络。在这个网络系统中，每一个环节都要肩负起成本管理的任务，从项目主要负责人、技术主管以及现场管理人员都要明确自己的成本管理责任，知晓所要达成的管理控制目标，这样才能切实提高园林工程项目成本管理成效。

（3）培养员工的成本控制意识

当前很多企业的建筑经济成本的管理和控制的水平不高，一个很重要的原因就是人员对成本控制的意识不足。因此，在实际的成本控制管理过程中，应该要加强员工相关意识的提升与发展。随着知识经济时代的来临，企业的发展与先进的企业管理理念分不开，因此在实际的施工过程中，应该要加强对建筑经济成本管理意识的增强。根据实际的情况严格地执行各种经济成本的管理工作。不仅要让建筑施工企业的员工都提升对成本管理的意识，在实际的工作中采取相应的措施进行成本控制和管理，而且要加强管理者的意识培养，采用各种激励措施调动员工的积极性，使得员工也能积极地参与到建筑经济成本的管理中来。

（4）重视成本管理队伍建设

施工企业内部成本机构和队伍关系到园林工程项目是不是有效实施的关键。要加强成本管理机构建设，调动园林施工项目人员的积极性，提高工作效率。对于项目经理来说，要把园林工程项目的具体状况详细地告知其他管理人员，一起讨论关于园林施工项目成本管理的具体措施，还要确立在成本管理目标实现之后的奖励制度。园林工程项目管理人员要具备主人翁精神，用极大的热情投入到园林施工中去。

（5）实施多环节、全过程的成本管理

首先，在园林工程设计方面，要充分利用原来的用地资源，比如，可以合理地保留原有的植被或者发展乡土树种来进行种植，还可以利用一些野生植被资源，选择相对科学的种植方式，这样能够进一步降低园林工程的成本。其次，还可以使用节材措施，运用一些可以循环利用的材料，减少资源的消耗。最后，根据园林施工阶段的不同特点，采用不同的方式来进行成本控制。

（6）控制施工材料费

园林施工的材料成本是成本控制中的重要部分，约占 60% 的工程总成本。因为市场价格波动、供货渠道增加，选购材料需选择最优惠、高信誉的施工单位作为交易对象。预算员在工料分析和工程施工预算基础上，编制定额任务单。等到项目负责人核实好后由材料员、保管员、工长、会计各保留一份。材料员依据定额任务单、材料汇总表和工料分析表进行采购。若是大批量材料采购则由会计、预算员、材料员、负责人共同把关，签订合同，按照出厂价格采购，并分批送货。在材料进库时，保管员、质检员、工长、材料员要一起检查质量、核对数量，办理入库手续。如果材料需用量比任务单用量要多，应当由项目预算员、工长、负责人去查明原因，等补单审批后再发放。部分工程结束或者每月终，保管人员需将材料任务单和消耗表交予财务。

（7）控制机械设备成本

园林工程的机械设备费用占据 7% 的工程总成本。尽管占据的比例不多，但较为重要。采取的机械设备要满足施工实际需求，并考虑到机械费用情况和综合效益水平。具体选择机械过程中，需根据施工条件、工程特点，以生产率、参数合理、高经济效益原则开展。

（8）劳务消耗成本控制

施工队伍公开招标，以测算的定额人工及现有的合理市场单价为依据，从参加竞标的劳务队中综合考虑其综合素质，最终择优录取；严格控制员工数量，要求项目施工人员尽量以工程量的形式开任务书，以备审查核对；合同签订后的项目人员交底绝不流于形式，一定要全面、细致、有重点地交底到每位项目管理人员，合同中明确所指范围，凡在此范围内的一律不许以任何理由重复开工；杜绝因为合同理解不透彻导致的推诿扯皮现象；每月发生人工费当月及时挂账，并附有必要的签证、合同及本月报量资料，以备核查把关；积极配合业主的各项工作，想业主之所想，急业主之所急，希望可以赢得业主的信任和理解，对亏损项的人工费给予签证补充；通过以上几点可以达到有效的控制人工费，减少亏损的目的。

（9）加强现场管理费控制

施工项目现场管理费包括临时设施费和现场经费。这两项费用的收益是根据项目施工任务而核定的。但是，其支出却并不与项目工程量的大小成正比，它的支出主要由项目部来支配。机电工程生产工期长，少则几个月，多者一两年，其临时设施的支出是一个不小的数字。一般来说，临时设施应本着经济适用的原则布置，同时应该是易于拆迁的临时机电，最好是可以重复使用的成品或半成品。对于现场经费的管理，应抓好如下工作：一是人员的精简；二是工程程序及工程质量的管理；三是建立 QC 小组，促进管理水平不断提高，减少管理费用支出。

（10）在竣工结算过程中的工程成本管理

竣工决算可以直接反映建设工程的实际成本以及投资效果，所以一定要引起相关人员的绝对重视。在竣工结算审核过程中，要以现行的计价规范为计算依据，切实按照施工合同以及招标文件的相关规定，根据竣工图、设计变更和现场签证进行仔细审核。这就要求工程审计人员要亲临现场，准确无误地掌握工程动态信息，确认工程是否绝对按图纸和工程变更进行施工，是否有已经去掉的部分却没有记入变更通知，是否有在变更的基础上又发生了变更的情况出现，等等。所以，在结算时不仅仅是对图纸和工程变更进行计算审核，而且还要亲临工程现场，详细地核对，确保毫无遗漏，从而保证工程结算的高质量。

二、园林绿化工程施工成本管理

（一）园林绿化工程施工成本的内容

1.园林绿化工程施工成本的定义

建筑施工企业以施工项目作为成本核算对象，在施工过程中所耗费的生产资料转移价值和劳动者必要劳动所创造的价值的货币形式，包括所耗费的主辅材料，构成配件。周转材料的摊销费或租赁费，施工机械的台班费或租赁费，支付给生产工人的工资、奖金以及在施工现场进行施工组织与管理所发生的全部费用支出。施工项目成本不包括工程造价组成中的利润和税金，也不包括构成施工项目价值的一切非生产性支出。

施工成本的概念是指在建设工程项目的施工过程中所发生的全部生产费用的总和，包括消耗的原材料、辅助材料、构配件费用、周转材料摊销费或租赁费、施工机械使用费或租赁费，及支付给生产工人及管理者的劳动报酬以及进行组织施工与管理所发生的全部费用。

上述两个概念着重于施工项目的"施工过程"中所发生的成本，而事实上，园林绿化工程施工成本根据其特点还应该包括苗木养护期间所发生的为保证苗木成活而发生的一切费用，包括消耗的辅助材料、药品、水电费用，机械和工具的使用费、折旧费或租赁费以及工人长期养护的配套生活费、工资等一切费用；另外，这里更注重工程施工成本的全面性和完整性，事实上，在实际操作过程中，工程项目施工成本除了工程项目现场所发生的成本外，在企业内部也同样会发生很多与项目成本相关的成本，此部分费用称为企业管理费，这里在研究园林绿化工程施工成本时，将该部分费用列入项目施工成本范畴。

因此，根据工程施工成本发生是否为施工工程项目服务而言，园林绿化工程施工成本有狭义和广义两种定义，狭义的工程施工成本即与建设实体的形成相关的成本，主要是指在项目施工现场耗费的人工费、材料费、施工机械使用费、现场其他直接费及项目经理为组织工程施工所发生的管理费用之和；而广义的工程施工成本是指园林绿化施工企业生产经营中，为获取和完成工程所支付的一切代价。由于狭义的工程施工成本仅局限于施工阶段的工程成本，带有片面性，这里讨论广义的工程施工成本。

2.园林绿化工程施工成本的组成

根据狭义的工程施工成本的定义，考虑成本发生与建设实体的形成相关，工程施工成本由直接成本和间接成本组成，不包括利润及税金。再根据广义的工程施工成本的定义，在狭义的工程施工成本基础上，将企业管理费、部分项目利润和项目税金及部分企业税金列入施工项目成本是站在企业管理的角度，对施工项目进行全面成本核算的方法。

其中企业管理费是施工企业的行政管理部门为组织和管理企业的生产经营活动而发生的各项费用，施工企业的企业管理费用核算的内容包括：职工工资和福利、折旧费、修理费、低值易耗品摊销、物料消耗、差旅费、办公费、工会经费、诉讼费、待业保险费、咨询费、业务招待费、无形资产摊销、技术转让费、递延资产摊销、技术开发费、职工教育经费、劳动保险费及坏账损失等；部分项目利润主要是考虑项目考核机制下，项目利润分成比例中项目经理部所获得的那部分利润；而部分企业税金主要是指土地使用税、房产税、车船使用税、印花税、企业所得税、营业税等进行的项目摊销税金。从上述的费用用途可以看出，企业管理费、部分项目利润和部分企业税金均为施工工程项目服务。

（二）园林绿化工程施工成本的特点

1.综合性对成本的影响

园林绿化工程虽然在单体建设规模与建筑工程建设项目无法比拟，但其包含的专业分项工作并不比一般的建筑工程建设项目少。我国到目前为止，并没有出台对园林绿化工程分项的标准化的划分。而在实际工作中，会把园林绿化工程分为狭义和广义两种，狭义的园林绿化工程一般包括园林土建分项、园林小品、绿化工程；而广义的园林绿化工程则涵盖了园林土建分项、园林装饰分项、园林小品、亮化分项、导向标识分项、园林水系分项、园林给排水分项、绿化种植及养护分项、其他特殊分项等。因此，无论是从狭义而言还是广义而言，园林绿化工程都包括了较多的零星分项工程，其工程施工内容的综合性决定了园林绿化工程施工成本具有明显的综合性。

园林绿化工程成本所具有的综合性特点对其成本控制的影响主要表现在时间上各专业施工班组之间的工序交接和空间上各专业施工班组之间的交叉作业。

（1）由于各专业施工班组的施工作业相互关联，在专业工序上存在必须前置的情况，因此园林绿化工程施工过程中的众多班组的工序搭接一旦不够紧密，就必然会导致后续工序拖延，甚至影响总进度的完成，但为确保总进度目标得以实现或尽量靠近总进度目标，就必然会因此增加各种措施，由此造成成本增加。

（2）由于园林绿化工程的作业面一般仅局限在同一个平面上，即景观平面，造成所有专业施工班组只能同时施工，各施工班组之间的互相之间的互相干扰非常大，此时若不能有效协调各施工作业班组之间的施工作业面、材料堆场、施工通道等交叉作业的矛盾，是极易增加大量因施工降效、成品破坏等引起的成本增加的。由于园林绿化工程施工阶段的成本投入相对较大，交叉作业控制难度更大，因此工程施工阶段的成本控制是园林绿化工程成本控制的重点。

2. 季节性对成本的影响

园林绿化工程中的绿化工程的实施对象是有生命的活体植物，而植物的生长规律是存在季节性因素的。绿化工程施工的目的是使植物在项目全寿命周期内保证成活并能够健康生长。只有在适合植物移植生长的季节中实施植物移植，才能够充分保证实施对象能够达到最佳的恢复生长的能力。但在实际施工过程中，工程项目的整体进度决定了绿化工程的实施时间，这就使得很难保证植物移植时间处于最佳的季节。于是就必须对种植的植物采取各项经济、技术和组织措施，方有可能保证项目全寿命周期内植物能够有效成活并健康生长。经济、技术和组织措施的实施，必然会带来项目成本的增加，另外，因为反季节种植而导致植物死亡率上升，最终造成的补植成本也会随之上升。因此，园林绿化工程的施工成本会受苗木生长的季节性规律影响，随着施工季节不同而出现明显差异，园林施工成本因此具有季节性。

园林绿化工程的季节性特点严重影响园林绿化工程的成本控制，是园林绿化工程施工成本控制的难点之一。解决项目整体工期需求与植物最佳种植时间之间的矛盾是园林绿化工程受季节性特点影响的最明显表现。由于施工实际进度不可能因为绿化工程的季节性影响而进行调整，因此在实际施工过程中，园林绿化工程必须在不适合苗木移植和生长的季节采取特殊的经济、技术和组织措施，例如冬季苗木移植和养护措施、夏季苗木移植和养护措施、雨季等特殊气候条件下的苗木移植和养护措施等。

3. 地域性对成本的影响

地球上现存的植物种类有约 50 万种，它们遍布地球上的各个角落，根据地球经线、纬线及海拔的不同，各类植物的生长习性是存在明显差别的。植物对环境因素（光照、温度、水分、空气和土壤）的不同要求，决定了植物生长的地域性。

现代园林绿化工程经常会为了满足景观绿化的多元化整体效果而运用一些非本地域的植物。例如在我国内，南树北种的现象非常多，热带植物会被巧妙的运用到亚热带地区进行种植，如棕榈科的植物；淮河以南的植物会被转移栽植到淮河以北的苗圃进行培植。这样一来，既要满足景观效果的需求，又要让植物能够成活和健康生长，必然需要提供特殊的技术和组织措施，种植成本也就会有明显差异，这就是园林绿化工程的地域性对成本控制的影响，是园林绿化工程成本控制的难点之一。

4. 持续性对成本的影响

项目的全寿命周期一般都有规定或合同双方约定，普通建筑工程的质保期间不会存在持续性的成本支出，但园林绿化工程项目的全寿命周期受其植物特性的影响，期限约定一般以植物是否成活为标准，特别是植物在移植以后会有较长一段时间的生命恢复期，这段时期被称为苗木成活期，期间会产生不间断的各项经济、技术和组织措施，这正是园林绿化工程持续性的表现。

园林绿化工程施工需要对绿化进行移植，移植过程中不可避免地需要对移植对象进行去叶、断根、修剪等技术操作，这就对原有苗木的生长系统造成了非常严重的破坏，苗木被移植到工程现场后，就必须要有相当长的一段时间来恢复其生长状态的，为了避免移植对象的死亡、枯枝等现象发生，在这一段时期内，就必须要对移植对象不间断地进行必要的养护和补救措施，以提高苗木的成活率，直到苗木本生恢复自身的生长能力。在苗木成活期内对移植苗木进行不间断的养护和管理会使园林绿化成本呈现持续增长的趋势，这正是园林绿化工程的持续性特点对成本控制的影响，由此可见，虽然苗木成活期成本投入总额不大，但由于该项成本投入给项目带来的效益并不低，而且相对周期比较长，因此苗木成活期的成本控制是园林绿化工程成本控制的重点之一。

5. 艺术性对成本的影响

与一般建筑有所不同，园林绿化工程还涉及了美学、文学、艺术等相关领域，其艺术文化内涵相对较高。无论是古代园林还是现代园林，在建设和规划的初期，必然会结合当地的人文历史、园林项目与建址周边环境的融合、园林本身建设中的艺术特色等方面进行设计。

园林与文学的结合，自古而来，随处可撷。"绿香红舞贴水芙蕖增美景，月缕云载名圆阑榭见新姿"是苏州拙政园的芙蓉榭上的联句，其意优美，令人神往；而宋代苏舜钦所作《沧浪亭》中一句"一径抱幽山，居然城市间"则将人造园林的社会化与自然融合表现得淋漓尽致。古人作园，常在亭台楼阁处以联句装点，更显其园林艺术。

元、明、清三代则是我国园林发展的顶峰，元代私园的特点是"波景浮春砌，山光扑画肩"，明代私园的特点是"高雅疏朗，意境隽永"，而清代私园则以"曲折有致，别有洞天"为其特色，但无论是何时期的园林建设，其造园均犹如作画，无论是表现手法还是格局规划，均与画作有异曲同工之妙。现代园林建设虽在设计角度、方法等多方面与古代园林有诸多不同之处，但设计师在进行园林设计时，园林工程所表现出的特点绝不缺乏其艺术性。而且在施工过程中的质量控制方面，项目的感官效果也是园林工程质量控制的重点要素。现代园林绿化工程质量评价的标准中就包括有感官效果评价，园林绿化工程的艺术性特点显而易见。

现代园林绿化工程追求感官优美的艺术表现，即便是在现代计算机图形技术如此发达的情况下，设计师可以通过计算机图形软件对园林绿化工程项目的初期设计在空间布局、构筑物设置及材料应用等方面进行虚拟的三维场景真实展现，但由于其在设计初期对艺术效果的实际感官无法完全获得，因此在施工过程中仍会发生非常大的设计变更率。这主要是由于置身实景中的真实空间感与虚拟的设计空间感的差别，造成初期设计功能缺失或过剩，材料选择受限等因素使园林绿化工程在施工过程中不得不发生较多的设计变更。例如造型树木和假山石的选择，一般在实际施工时不可能找到与设计意境相同或相符的材料，但设计师为满足项目最初的设计效果，此时的主材变更和方案调整就势在必行。施工过程中的设计变更必然会引起园林绿化工程造价的相应变化，园林绿化工程的施工成本就必然会发生同步变化。因此，园林绿化工程成本受园林绿化工程艺术性特点影响，会因为艺术表现的独特而造成成本变化，其成本投入相对难以控制，因此这是园林绿化工程施工成本控制的最大难点。

第五节 园林工程进度管理

一、项目进度管理

（一）项目进度管理概念

进度是指项目活动在时间上的排列，强调的是一种工作进展以及对工作的协调和控制。项目进度管理是项目管理三要素（时间、质量、成本）之一，凡是项目都存在进度问题，与成本、质量之间有着相互依赖和相互制约的关系。工程项目进度管理是对工程各分项、各阶段内容的合理安排，以达到工程目标完成时间的管理，关键在于要保证工程能在实际条件的限制下实现预期时间目标，工程项目进度管理在确保工程工期的同时，可以通过对资源的合理分配节约工程成本。

实践经验表明，质量、工期和成本三者之间是相互影响的。一般来说，在工期和成本之间，项目进展速度越快，完成的工作量越多，则单位工程量的成本越低。在工期与质量之间，一般工期越紧，如采取快速突击、加快进度的方法，项目质量就较难保证。项目管理的一个主要工作就是对时间、成本和质量之间进行协调的管理，项目进度的合理安排，对保证项目的工期、质量和成本有直接的影响。科学而符合合同条款要求的进度，有利于控制项目成本和质量。仓促赶工或者任意拖延，往往会伴随着费用的失控，也容易影响工程项目的质量。

（二）项目进度管理的内容

项目进度管理的主要内容为项目进度计划的编制与控制。项目进度计划的编制是在规定的时间内合理且经济的进度计划，包括多级管理的子计划。项目进度计划的控制是在执行该计划的过程中，检查实际进度是否按原计划要求进行，若有偏差，要及时找出原因，采取必要的补救措施或调整，调整原计划，直到项目完成。

1.项目进度计划

项目进度计划由项目中各分项内容的排列顺序、起始和完成时间、彼此间的衔接关系等组成。项目计划将项目各个实施过程有机整合，为项目具体实施提供参考和指导，为项目进度控制提供依据，科学的项目进度计划可以使项目实施过程中的有限资源得到合理配置，更合理地安排协调项目实施中各部分的时间配置，为项目的如期完成提供有效保障。

项目进度计划编制的流程一般包含四部分：

（1）收集相关的信息资料

为保证项目进度计划的科学性和合理性，在编制项目进度计划前，必须收集真实的信息资料，作为编制进度计划的依据。这些信息资料包括：项目背景（项目对工期的要求、项目的特点）；项目实施的条件（项目的技术和经济条件、项目的外部条件，项目实施各阶段的定额规定（项目各阶段工作的计划时间、项目计划的资源供应情况）。

（2）项目结构分解

项目结构分解包括确定为最终完成整个项目必须进行各项具体的活动和完成整个项目中可交付物所必须进行的诸项具体的活动，另外，还应确定各个具体活动之间的工作顺序及它们之间的衔接关系。

（3）估算项目时间及所需资源

项目时间和资源的估算就是根据整个项目的任务范围和资源状况估算项目中完成各项任务所需要的时间长度和资源。对项目时间和资源的估算要求尽量准确，从而能为项目活动实提供可靠的依据。

（4）编制项目进度计划

在收集了相关资料、分解了项目结构、估算了项目活动所需的时间和资源后，再通过对项目中各项任务的逻辑关系进行分析，就能编制出项目进度计划。项目进度计划就是综合考虑与项目相关的信息对项目任务的开始和完成时间进行确认、修改、确认和修改，不断反复的过程。

2. 项目进度控制

项目进度控制是指完成项目进度计划后，在项目实施过程中对比实际与计划的差异，并通过分析、调整、恢复等形式，保证项目实际实施能够在计划目标内顺利完成的活动。

工程项目进度控制的关键在于做好两方面工作：一是要在进度计划的基础上，做好工程实际进度实施的监控对比工作，及时发现偏离计划的情况并进行有效分析；二是要在发现进度问题的基础上，快速正确地采取相应措施，调整实施安排，弥补损失工期，而要做到快速正确的采取措施，首先就要对影响工程进度的各种因素进行分析研究，在优化进度计划的基础上，针对具体影响表现制定相应措施预案和恢复方案。有效的项目进度控制，不仅可以保证项目的如期完成，同时可以通过合理的资源配置和恢复措施，降低项目资源浪费和成本支出。

二、园林绿化工程进度管理方法

项目进度管理的主要内容是项目进度计划编制和项目进度计划控制。项目进度计划编制是项目进度控制的前提和依据，是项目进度管理的主要内容。

（一）园林绿化工程项目进度计划的编制过程

1. 用工作分解结构表述园林绿化工程项目范围与活动

在编制项目进度计划时，应首先对园林绿化工程项目的范围与活动进行定义，即确定项目各种可交付成果需要进行哪些具体工作。工作分解结构就是将项目按照其内在结构或实施过程的顺序进行逐层分解，把主要的可交付成果分解成较小的并易于管理的小单元，通过工作分解结构，使项目一目了然，项目的范围和活动变得明确、清晰、透明，便于观察、了解和控制整个项目。

2. 园林绿化工程项目的排序及责任分配

园林绿化工程项目排序首先必须识别出各项活动之间的先后依赖关系。园林绿化工程项目活动的逻辑关系主要有两种：一是因活动内在客观规律、工艺要求、场地限制、资源限制、作业方式等强制性依赖关系，是工作活动之间本身存在的，无法改变的逻辑关系；如种植工序的定点、挖穴、栽植，园路工程的道路放线、地基施工（填挖、整平、碾压夯实）、垫层施工（垫层材料的铺垫、刮平、碾压夯实）、基层施工、面层施工等都是无法改变逻辑的强制性依赖关系。二是人为组织确定的先后关系，一般按已知的"最好做法"或优先逻辑来安排。

强制性依赖关系的活动，通常是不可调整的，确定起来较为明确。对于无逻辑关系的那些工作活动，由于其工作活动先后关系具有随意性，常常取决于项目管理人员的知识和经验。园林绿化工程需要项目角色和职责分派，以使工程项目职责分明、有效沟通。工作责任分配以工作分解结构表为依据，形成工作责任分配表。

3. 园林绿化工程项目的时间估算

项目时间估算是指在一定条件下，预计完成各项工作活动所需的时间长短，是编制项目进度计划的一项重要的基础工作。若工作活动时间估计的太短，则会造成被动紧张的局面；估计太长，就会使整个工程的工期延长。因此，园林绿化工程项目在时间估算时要充分考虑项目要求标准高低、项目难易程度、项目活动清单、合理的资源要求、人员能力、环境及风险因素等对项目的影响。

第一，园林绿化工程项目工作时间估计的数据基础为项目要求标准高低，项目难易程度，项目工作的详细列表，人员的熟练程度、工作效率及人员专业化水平，所需设备的配套与高效，工程材料、园林苗木的到货情况，充分认识风险因素，留有一定的弹性时间采取应对措施以及历史数据信息参考类似项目所需时间和资源的配备情况。

第二，项目工作活动时间估算的主要方法有类比估算法、专家判断法、三点估计法、参数估计法及储备分析，增加一个附加时间，称为储备时间、应急时间或缓冲时间。园林绿化工程项目时间估算多采用类比估算法、专家判断法或参数估计，以参考历史信息、经验和相似工程的工作时间来估计。

4. 园林绿化工程项目进度计划的编制

园林绿化工程项目进度计划编制方法主要有甘特图、里程碑计划、关键路线法、图表评审技术、计划评审技术、工期压缩法、模拟法、启发式资源平稳法和项目管理软件。园林绿化工程项目进度计划编制方法无论采用哪种计划方法，都要考虑以下因素：

（1）项目规模

小项目应采用简单的进度计划方法，大项目为了保证按期按质达到项目目标，就需考虑用较复杂的进度计划方法。

（2）项目复杂程度

项目规模不一定总与项目复杂程度成正比。程序不复杂的，可以用较简单的进度计划方法。程序复杂的，可能就要用较复杂的进度计划方法。

（3）项目的紧急性

项目急需进行，进度计划编制就应简洁、快速；如果还用很长时间去编制进度计划，就会延误时间。

（4）项目细节掌握程度

如果在开始阶段项目的细节无法分解，关键线路法（CPM：设计中从输入到输出经过的延时最长的逻辑路径）和计划评审技术法则无法应用。

（5）掌握总进度

如果项目进行过程中有一两项活动需要花费很长时间，而这期间可把其他准备工作都安排好，那么对其他工作就不必编制详细复杂的进度计划。

（6）既有经验

如果项目经验丰富，则可采用关键线路法；如果项目经验不足，则可以采用计划评审技术法。

园林绿化工程项目进度计划的编制应分清主次，抓住关键工序，集中力量保证重点工序。要首先分析消耗资源、劳动力和工时最多的工序，确定主导工序；确定主导工序后，其他工序适当配合、穿插或平行作业，做到作业的连续性、均衡性、衔接性。

5.园林绿化工程项目进度计划的弹性编制

园林绿化工程项目的苗木栽植具有较强的季节性、时间性，需把握栽植的季节与时点，在适宜栽植的季节种植，弹性可少一些；在非适宜的栽植季节种植，就需等待相对适宜的栽植时点，进度计划的弹性就要大一些。园林绿化工程项目的土建施工，特别是土壤置换，受制于天气，多雨的季节弹性应该要大一些；晴朗、无雨季度进度计划弹性可少一些。园林绿化工程项目为露天作业，不确定因素较多，应充分重视项目进度计划的储备分析，考虑弹性的应急时间或缓冲时间。

（二）园林绿化工程项目进度计划的技术方法与优化

1.园林绿化工程项目进度计划的技术方法

常用的制定园林绿化工程项目进度计划的技术方法有以下六种：

（1）关键日期法

关键日期法是最简单的一种进度计划表，它只列出一些关键活动进行的日期。

（2）里程碑计划

里程碑是指可以识别并值得注意的事件，标志着项目上重大的进展。里程碑计划是一个战略计划或项目的框架，显示的是项目为达到最终目标必须经过的条件或状态序列，描述的是项目在每一个阶段应达到的状态，而不是如何达到。里程碑计划的编制应根据项目的特点，按项目可交付成果清单进行。

（3）关键路线法

关键路线法是项目进度计划中工作与工作之间的逻辑关系的肯定，运用统筹方法，透过关键工作节点首尾相连。项目网络图中的最长的或耗时最多的工作线路叫关键线路，关键线路上的工作就是关键工作。

（4）甘特图

甘特图又称线条图或横道图，横轴代表时间，纵轴代表各个活动，活动的完成时间以长条表示，是进度计划最常用的一种工具。由于其简单、明了、直观，易于编制，因此成为小型项目管理中编制项目进度计划的主要工具。在大型工程项目中，也是高级管理层了解全局，向基层安排进度时最为有用的工具之一。

（5）图形评审技术

图形评审技术与关键线路法（CPM）相比，允许在网络逻辑和工作持续时间方面具有一定的概率说明。一般有两项参数（P，t）：P 为该工作实现概率；t 为工作工时，可以是常数或随机变量，若为随机变量，t 表示均值。

（6）计划评审技术

计划评审技术是一种应用工作前后序列逻辑关系及活动不确定时间表示的网络计划图，其基本的形式与 CPM 基本相同，只是在工作时间估计方面 CPM 仅需一个确定的工作时间，而 PERT 需要工作的三个时间估计：最短时间上、最可能时间上以及最长时间上。

2.园林绿化工程项目进度计划的优化

园林绿化工程项目进度计划的优化按目标通常分为工期优化、费用优化和资源优化三种。这些优化工作主要通过计算机软件来实现。这里介绍基本的优化原理和方法。

（1）工期优化

工期优化一般通过压缩关键路线的持续时间来达到其目的。在园林绿化工程项目实施中，主要通过技术措施，依靠专业技术能力直接缩短关键工作的作业时间；通过组织措施和管理措施，充分利用非关键活动的总时差，合理调配技术力量、人力、财力、物力等各项资源，依靠先进的管理手段来缩短关键工作的作业时间。

（2）费用优化

费用优化又叫工期——费用优化，即寻找总费用最低的工期。主要方法有线性规划法、动态规划法和网络流算法等。

（3）资源优化

资源优化也称工期——资源优化，分两种情况：一是资源有限——工期最短的优化，调整计划安排以满足资源限制条件，并使工期拖延最少的过程；二是工期固定——资源均衡的优化，调整计划安排，在工期保持不变的条件下，使资源需用量尽可能均衡的过程。

（三）园林绿化工程项目进度控制

园林绿化工程项目的进度控制是指在园林绿化工程建设过程中，根据项目目标工期确定的总体进度计划、项目分解进度计划、具体进度计划付诸实施，在实施过程中经常检查实际进度是否按计划要求进行，对出现的偏差分析原因，针对原因采取措施纠正偏差，以维持项目的正常进行。

1. 园林绿化工程项目进度检查与偏差

园林绿化工程项目进度的实施过程中，由于人力、设备、苗木供应和自然条件等因素的影响而使进度计划发生偏差。因此，在计划执行过程中，要及时收集实施过程的数据，并对计划的执行进行监测和控制。

（1）项目进度的检查

园林绿化工程可以采用甘特图比较法进行进度检查。在用甘特图（横道图）表示的项目进度表中，用不同颜色或者不同线条将实际进度横线直接绘于计划进度线的下方，与计划进度进行直观比较。

（2）项目进度偏差

由于项目在实施过程中外界条件在不断变化，因此在项目实施过程中必须随着现场情况的变化对项目目标进行检查、比较和分析。不同工作产生进度偏差的原因除了通常的管理原因还存在其他的原因，因此在分析时应查明进度偏差产生的所有原因，以便找出相应的控制措施，保证项目目标的实现。

导致园林绿化工程发生进度偏差的因素较多，归纳起来，有人为因素、材料设备因素、技术因素、资金因素、气象因素、环境因素、社会环境因素等。主要表现为设计方案不确定，设计的滞后，设计变更；设计图纸不能即时提供或图纸不配套；施工场地不满足施工要求；气象原因；设备、材料供应不及时和不协调；项目现场组织协调不到位，工序交接有矛盾；出现各类事故时的停工调查；社会环境干扰；资金不足；突发事件的影响；等等。

2. 园林绿化工程项目进度控制措施

园林绿化工程项目进度控制的措施主要包括组织措施、技术措施、合同措施、经济措施和信息管理措施等。

（1）组织措施

组织措施主要有：落实项目进度控制部门和人员，具体控制任务和管理职责分工；进行项目分解，建立编码体系；确定进度协调工作制度；对影响进度目标实现的干扰和风险因素进行分析；经常检查园林绿化工程项目进度的实施情况，通过对照比较和分析，及时发现实施中的偏差，采取有效措施调整园林绿化工程项目进度计划，以保证工期目标顺利实现。

（2）技术措施

在园林绿化工程项目中，应充分考虑园林绿化栽培技术，确保园林植物成活率。技术是项目的重要生产要素，是否对技术进行管理及管理的程度如何，直接关系到项目的目标能否顺利实现。进行项目进度的目标控制很大程度上要通过技术来解决问题。因此在选用施工方案时，不仅应分析技术的先进性和经济合理性，还应考虑其对进度的影响。一般多考虑采用成熟、先进的技术来加快项目进度。

（3）合同措施

以合同明确规定进度要求，以合同措施来优选承包者、分包者或分项、分段发包等。合同措施是实际园林绿化工程中项目进度控制的有效方法。

（4）经济措施

经济措施重点是保证资金供应，保障工程进度正常进行。

（5）信息管理措施

信息管理是指对园林绿化工程项目实施过程进行监测、分析、反馈和建立相应的信息交流程序，持续地对项目全过程进行动态控制。

第六节　园林工程质量管理

一、园林工程施工质量控制现状

在对园林施工质量及控制进行定义后，这里针对我国园林施工质量管理过程中存在的一些问题，进行分析并指出存在问题的原因，以期达到防治和解决的目的。

从园林施工组织角度看，目前园林施工组织存在如下问题：

（一）施工组织结构存在松散现象

在园林工程施工过程中，由于管理制度更新不够及时，造成了施工过程中出现的问题未能得到及时有效解决，影响后续施工。同时，施工监理管理体制还有待健全，部分施工人员的素质和技术水平有待提高，施工主体缺乏明晰的认知等，当现场施工出现问题时却找不到责任人，这也给施工质量控制带来了不利的影响。

在质量控制各个方面难免存在问题具体如下：

1.工程一线的职工素质不高

项目的施工队伍文化水平参差不齐，特别是园林工程，施工队伍的主力军为农民工，特点是年龄大，文化层次低，学习和领悟能力差，导致这样一个群体对管理理念和施工工艺掌握不深，使得工程现场管理比较粗放，机械设备使用效率非常低，材料也不能物尽其用，而施工的技术含量更是无法保证，这些因素都导致了企业的整体质量控制水平非常低下，甚至会诱发质量安全事故，更谈不上创新，提高施工工艺。

2.园林工程的技术管理人才缺乏

园林行业有着劳动密集型的特点，同时还存在生产环境因为露天等因素而变得较差，"风吹日晒""加班加点""在泥地里奋战""黑夜赶活"等现象对园林工程从业者来说司空见惯，是一个比较艰苦的行业，导致许多园林专业大学生选择改行，有的怕吃苦而不愿意下工地等，留在工地上的老人多，年轻的、技术全面的人才少，客观上导致了一些具有较高素质的项目管理人员难以进入企业之中，影响了施工质量的提高。

3.少数园林施工企业的施工能力有待提高

施工能力是指为达到施工项目各项目标所开展的各项活动的能力。由于施工人员的综合素质不高，企业的施工组织设计力量较低，施工经验不够丰富，所以，园林施工企业的施工能力较低。大部分园林施工企业没有设置专门的信息中心，没有普及应用计算机控制和工程施工过程中的有关信息收集等，影响了工作效率和工作质量，同时没有建立专门的质量技术部门，对先进材料、技术工艺的掌握程度不够，在一定程度上影响了施工能力的提高。

4.部分园林施工企业的规模有限

这类企业信用级别较低，贷款能力有限，资金周转缓慢，资本创造能力较低，投资回报率高的项目较少，尤其是某些中小型的企业。因为其前期项目投入资金不足，盈利能力也不强，最终创造的利润自然不甚乐观。另一方面，由于信誉度不高，企业很难竞得优质的工程项目，所接项目通常规模有限、投资回报率不高，这不利于企业建立起优质的口碑，而这往往是当前经济社会中极其重要的生产源动力之一。那些树立了良好口碑的企业往往拥有更多的客户资源和资金支持来源，从而更易获得发展壮大；而那些口碑较差的企业甚至难以持续经营。

（二）施工项目质量控制责任有待更加明确

施工过程在一系列的作业活动中得到体现，作业活动的结果将直接影响到施工过程中各工序的质量。然而，许多总承包单位对于园林工程施工企业在施工过程中的质量控制却不严格，对于施工过程中的作业活动没有全方位的监督与检查，使得施工质量无法保证。在园林工程施工过程中，施工准备工作不能按计划落实到位，比如配置的人员、材料、机具、场所环境、通风、照明、安全设施等，实际施工条件没有落实，导致一系列实际工作与计划脱离。

（三）承包单位无法做好技术交底工作

园林工程施工单位做好技术交底工作，是取得好的施工质量的条件之一。为此，在施工前，技术负责人要做好技术和安全交底，每一个分项工程实施前均要进行交底。技术交底工作是对施工项目的组织设计或施工方案的具体化，也是更细致、明确和具体的技术实施方案，是各工序施工或分项工程施工的具体指导性文件。为了进一步做好技术交底工作，项目经理部一般由主管技术人员即技术负责人编制技术交底书，并经项目总工程师批准签字。

技术交底的内容一般包括施工方法、质量要求和验收标准，以及施工过程中需注意的问题，包括可能出现意外的预防措施及应对方案；技术交底工作要紧紧围绕和具体施工有关的操作者、机械设备、使用的材料、构配件、工艺、方法、施工环境、具体管理措施等方面开展。交底时要明确即将做什么、谁来做、如何做、作业要求和标准、什么时间完成等。但是在现实的园林工程施工情况之下，承包单位往往对于上述问题不重视，所有的环节只是走走形式，这导致了园林工程施工质量得不到严格的控制，使得整体的施工质量最终不能被保障。

关注的侧重点往往放在施工进程开始后对施工现场的质量要求上，施工前期的准备阶段往往被忽略。这就要求在施工规划阶段就对整个施工过程包括准备阶段可能出现的质量问题进行全面综合考虑并做好防范措施，同时对质量问题实行定期抽查模式，一旦有威胁质量的安全隐患出现，必须及时采取应对办法，以实现竣工验收时达到高效优质的标准。在实际施工过程中，由于某些项目的人力资源不足，施工前期准备工作完成的并不充分，如原材料的供应暂时不足或未及时补给，使用设备未提前试运行、检验结果未按期出具等都可能导致施工过程中问题重重，甚至导致重大安全问题的发生。因此，提升园林工程质量的必备条件之一是保障前提的准备工作充分顺利地展开。

二、园林施工质量控制措施

基于以上园林施工质量存在的问题，提出园林施工质量控制措施的改进措施和建议，这里分别从组建项目经理部、确定管理目标、做好现场管理、严格按照标准规范施工、提高施工工序质量和推行监理制度等几个方面，对园林工程施工质量控制措施进行进一步探讨。

（一）组建项目经理部并规划施工管理目标

基于以上分析，责任不明是园林工程质量管理存在的主要问题之一，所以，这里以组建项目经理部并规划施工项目管理目标，进而达到提高园林工程质量的目的进行阐述。

1.组建项目经理部

施工项目经理部职位设置和人员配备要围绕代表企业形象、实现各项目目标、全面履行合同的宗旨来进行。综合各类企业实践，施工项目经理部可参考设置以下五个管理部门，即预决算部，主要负责工程预算、合同拟定保管、工程款索赔、项目收支、成本核算及劳动分配等工作；工程技术部主要负责施工机械调度、施工技术管理、施工组织、劳动力配置计划及统计等工作；采购部，主要负责材料的询价、采购、供应计划、保管、运输、机械设备的租赁及配套使用等工作；监控部，主要监督工程质量、安全管理、消防保卫、文明施工、环境保护等相关工作；计量测试部，主要负责测量、试验、计量等工作。

施工项目经理部也可按控制目标进行设置，包括信息管理、合同管理、进度控制、成本控制、质量控制、安全控制和组织协调等部门。

项目经理领导项目经理部，负责工程项目从开工到竣工全过程中的管理，是企业在项目的管理层，对项目作业层负有管理与服务的双重职能，项目经理部工作质量好坏将给作业层的工作质量带来重要影响。项目经理部是工程项目的办事机构，为项目经理的各项决策提供信息依据，当好参谋，同时要执行项目经理的决策和意图，对项目经理全面负责。

2.规划施工项目管理目标

施工项目规划管理是对所要施工的项目管理的各项工作进行综合而全面的总体计划，总体上应包括的主要内容有项目管理目标的研究与细化、管理权限与任务分解、实施组织方案的制定、工作流程、任务的分配、采用的步骤与工艺、资源的安排和其他问题的确定等。

施工项目管理规划有两类：一类是施工项目管理目标规划大纲，这是为了满足招标文件要求及签订合同要求的管理规划文件，是管理层在投标之前所编制的，目的是作为投标依据；另一类是施工过程的控制和规划，是投标成功后对施工整个工程的施工管理和目标的制定。下面对项目管理的目标和任务进行详细分解。

（二）制定制度和规范

建立了项目经理负责制，有了明确的施工目标，就要有明确的制度和规范进行管理和控制，这也是园林工程质量管理与控制必须采用的手段和方法。

1.选用优秀人才，加强技术培训工作

人始终是项目的关键因素之一，在园林工程中，人们趋向于把人的管理定义为所有同项目有关的人，一部分为园林项目的生产者，即设计单位、监理单位、承包单位等单位的员工，包括生产人员、技术人员及各级领导；一部分为园林项目的消费者，即建设单位的人员和业主，他们是订购、购买服务或产品的人。

项目优秀人才的选用就是要不断在人力资源的管理中获得人才的最优化，并整合到项目中，通过采取有效措施最大限度地提高人员素质，最充分地发挥人的作用的劳动人事管理过程。它包括对人才的外在和内在因素的管理。所谓外在因素的管理，主要是指量的管理，即根据项目进展情况及时进行人员调配，使人才能及时满足项目的实际需要而又不造成浪费。所谓内在因素的管理，主要是指运用科学的方法对人才进行心理和行为的管理，以充分调动人才的主观能动性、积极性和创造性。

与传统的人事管理相比，工程项目部人力资源的管理具有全员性、全过程性、科学性、综合性的特点；与企事业单位人力资源管理相比，项目人力资源管理具有项目生命周期内各阶段任务变化大、人员变化大的特点。因这些特点的存在，园林工程项目管理不仅要合理运用优秀人才，也要进行有意识的培训和开发，以达到优秀人才的科学使用。

园林工程项目部人力资源的培训和开发是指为了提高员工的技能和知识，增进员工工作能力，促进员工提高现在和未来工作业绩所做的努力。培训集中于员工现在工作能力的提高，开发着眼于员工应对未来工作的能力储备。人力资源的培训和开发实践确保组织获得并留住所需要的人才、减少员工的挫折感、提高组织的凝聚力、战斗力，并形成核心竞争力，在项目管理过程中发挥了重要作用。

在提高员工能力方面，培训与开发的实践针对新员工和在职员工应有不同侧重。为满足新员工培养的需要，人力资源管理部门可提供三种类型的培训，即技术培训、取向培训和文化培训。新员工通过培训可熟悉公司的政策、工作的程序、管理的流程，还可学习到基本的工作技能，包括写作、基础算术、听懂并遵循口头指令、说话以及理解手册、图表和日程表等。对在职员工的能力培训可分为与变革有关的培训、纠正性培训和开发性培训三类。纠正性培训主要是针对员工从事新工作前在某些技能上的欠缺所进行的培训；与变革有关的培训主要是指为使员工跟上技术进步、新的法律或新的程序变更以及组织战略计划的变革步伐等而进行的培训；开发性培训主要是指组织对有潜力提拔到更高层次职位的员工所提供的必需的岗位技能培训。

在人力资源的培训与开发工作完成之后，对于培训中表现优异的人才要重点培养，并针对其拥有的技能进行强化和突出训练，使其拥有的某一技能优于其他员工，形成各有专长，术业有专攻。

坚持加强专业知识的培训。由于管理人员来自社会各个不同的层次，他们的管理专业知识水平和年龄也存在差异，特别对那些刚参加工作的专业技术人才，他们还缺乏一定的工作经验。因此，经常性地开展专业知识培训，举办实践经验交流会等都是十分必要的。

2.建立健全施工项目经理责任制

（1）项目经理承包责任制的含义

企业在管理施工项目时，应实行项目经理承包责任制；施工项目经理承包责任制，顾名思义是指在工程项目建设过程中，用以明确项目承包者、企业、职工三者之间责、权、利关系的一种管理方法和手段。它是以项目经理负责为前提，以工程项目为对象，以工程项目成本预算为依据，以承包合同为纽带，以争创优质工程为目标，以求得最佳经济效益和最佳质量为目的，实行从工程项目开工到竣工验收交付使用以及保修全过程的施工承包管理。

（2）项目经理承包责任制度

施工项目经理部管理制度是项目经理部为实现施工项目管理目标、完成施工任务而制定的内部责任制度和规章制度。责任制度是以部门、单位、岗位为主体制定的制度、规定了各部门、各类人员应该承担什么样的责任、负责对象、负具体责任、考核标准、相应的权利以及相互协作等内容，如各级岗位责任制度和生产、技术、安全等管理责任制度。

规章制度是以工程施工行为为主体，明确规定项目部人员的各种行为和活动不得逾越的规范和准则。规章制度是人人必须遵守的法规，项目部人人平等，执行的结果只有两个：是与非，即遵守或违反。

施工项目经理责任制要求项目经理部要进行以下工作内容，即施工项目管理岗位的制定，施工项目技术与质量管理制度的制定与实施，图样与技术档案管理制度，计划、统计与进度报告制度，材料、机械设备管理制度，施工项目成本核算制度，施工项目安全管理制度，文明生产与场容管理制度，信息管理制度，例会和组织协调制度，分包和劳务管理制度，以及内外部沟通与协调管理制度等。

（3）施工项目经理的职责

项目经理所承担的任务决定了其职责。施工项目经理要履行如下职责：

①贯彻和执行工程所在地的政府有关法律、法规和政策，执行企业的各项管理制度，维护企业的整体利益和经济权益。

②严格遵守财务规章制度，加强成本核算和控制，积极组织进行工程款回收，正确处理国家、企业、项目及其他单位、个人的利益关系。

③签订和组织履行《项目管理目标责任书》，执行企业与业主签订的《项目承包合同》中由项目经理负责履行的各类条款。

④科学管理工程施工，并执行相关技术规范和标准，积极推广应用新材料、新技术、新工艺和项目管理软件集成系统，确保工程工期和质量，实现安全生产、文明施工，努力提高经济效益。

⑤组织编制工程项目施工组织设计，包括工程进度计划和技术方案，制定保证质量和安全生产的措施，并组织实施。

⑥根据公司年季度施工生产计划，科学编制季/月度施工计划，包括材料、劳动力、构件和机械设备的使用计划。据此与有关部门签订供需采购和租赁合同，并严格履行。

3.园林工程项目经理与企业经理（法人代表）签订目标责任制

园林工程的项目经理根据其主要职责，要与企业经理或者法人代表签订对全项目过程管理进行管理控制的《项目管理目标责任书》，这个责任书的签订对项目经理有严格的约束和目标设定，是从施工项目开工到最后竣工全过程的约束性文件，是项目经理部建立等重大问题的先决条件和指导性文件，其主要内容包括施工过程中管理的各个环节，包括：施工效益及目标的设定，工程进度，工程质量管理，成本质量管理，文明施工的相关规定，安全生产的要求等。

4.项目经理部与本部其他人员之间签订管理目标责任制

项目经理和企业总经理签订《项目管理目标责任书》后，项目经理要本着个人负责制的原则，把责任落实到本部其他人员中去，对每一个工作岗位的不同人员要与之签订相应的目标责任制，做到责任明确，岗位职责具体化、规范化和科学化。只有责任清晰，目标明确，各部门和岗位才会各司其职，明确自身的责任与权利才能更好地完成工程项目。

（三）做好园林工程施工现场管理

在有了责任制和规范的制度之后，则要对园林工程施工实施过程进行规范的管理，确保制定的规范和标准得到执行和落实。

1.全员参与，保证工程质量

园林工程施工质量的优劣直接取决于园林工程中每一位员工的质量，他们的责任感、工作积极性、工作态度和业务技能水平直接影响着园林工程的质量。项目经理部要对园林工程的员工进行培训和管理，调动每个人的积极性，从项目管理目标的角度出发，严格要求，增强质量意识和责任感。与此同时，也要制定相应的奖惩制度，对员工施工中的质量问题进行控制，要奖罚分明，具有说服力和指导性，使每位参与施工的人员都有非常强的质量意识，进而确保工程质量和各项计划目标顺利实现。

2.严格控制工程材料的质量，加强施工成本管理

园林工程项目材料管理是指对园林生产过程中的主要材料、辅助材料和其他材料的使用计划、采购、储存、使用所进行的一系列管理和组织活动。主要材料是指施工过程中被直接采用或者经过加工、能构成工程实体的各种材料，如各种乔、灌、草本植物以及钢材、水泥、沙、石等；辅助材料是指在施工过程中有助于园林用材的形成，但不直接构成工程实体的材料，如促凝剂、润滑剂、肥料等；其他材料则是指虽不构

成工程实体，但又是施工中必须采用的非辅助材料，如油料、砂纸、燃料、棉纱等。

园林工程进行材料管理的目的，一方面是为了确保施工材料适时、适地、保质、保量、成套齐全地供应，以确保园林工程质量和提高劳动生产率；另一方面是为了加速材料的周转，监督和促进材料的合理使用，以降低材料成本，改善项目的各项经济技术指标，提高项目未来的经济收益水平。材料管理的任务可简单归纳为合理规划、计划进场、严格验收、科学存放、妥善存、控制收发、使用监督、精确核算等。

园林工程施工过程中，土建部分投入了大量原材料、成品、半成品、构配件和机械设备，绿化部分投入了大量的土方、苗木、支撑用具等工程材料，各施工环节中的施工工艺和施工方法是保证工程质量的基础，所投入材料的质量，如土方质量、苗木规格、各类管线、铺装材料、灯具设施、控制设备等材料不符合要求，工程完工后的质量也就不可能符合工程的质量标准和要求，因此，严把工程材料质量关是确保工程质量的前提。对投入材料的采购、询价、验收、检查、取样、试验均应进行全面控制，从货源组织到使用检验，要做到层层把关，对施工过程中所采用的施工工艺和材料要进行充分论证，做到施工方法合理，安全文明施工，进而提高工程质量。

园林企业实行工程项目经理制管理，向科学管理要效益，是加强施工成本控制，提高企业在市场中的竞争意识、质量意识、效益意识的一种行之有效的科学管理方法。但在实际项目施工管理中，忽视施工成本核算，管理比较粗放，项目管理人员只会干，不会算，绝大部分项目搞秋后算账等各种行为的现象仍时有发生，在一定程度上给企业造成了严重的经济损失。因此，园林绿化施工管理中重要的一项任务之一就是降低工程造价，对项目成本进行控制。

3. 遵循植物生长规律，掌握苗木栽植时间

园林工程施工又和植物是密不可分的，有其特殊的要求，园林工程的好坏在很大程度上也取决于苗木成活率。苗木是有生命的植物，它有自身的生长周期和生长规律，种植的季节和时间也各自不同，如果忽略其生长周期和自身生长规律的特点，园林工程质量就无法得以保证。所以，在园林施工的时候，要掌握不同苗木的最佳栽植时间，在适宜的季节进行栽植，提高苗木成活率，保证工程质量。

4. 全面控制工程施工过程，重点控制工序质量

园林工程具有综合性和艺术性，工种多、材料繁杂。对施工工艺要求较高，这就要求施工现场管理要全面到位，合理安排。在重视关键工序施工时，不得忽略非关键工序的施工；在劳动力调配上关注工序特征和技术要求，做到有针对性；各工序施工一定要紧密衔接，材料机具及时供应到位，从而使整个施工过程在高效率、快节奏中开展。

在施工组织设计中确定的施工方案、施工方法、施工进度是科学合理组织施工的基础，要注意针对不同工作的时间要求，合理地组织资源，进而保证施工进度；同时

搞好对各工序的现场指挥协调工作，科学地建立岗位责任制，做好施工过程中的现场原始记录和统计工作。

由于施工过程比较繁杂，各个工序环节都有可能出现一些在施工组织设计中未能涉及的问题，必须根据现场实际情况及时进行调整和解决。这项工作应该选派有经验、有责任心、既有解决问题的能力又有魄力的人员担任，要贯穿于全工程项目的五大管理之中。

5. 严把园林工程分项工程质量检验评定关

质量检验和评定是质量管理的重要内容，是保证园林工程能满足设计要求及工程质量的关键环节。质量检验应包含园林质量和施工过程质量两部分。前者应以景观水平、外观造型、使用年限、安全程度、功能要求及经济效益为主，后者却以工程质量为主，包括设计、施工和检查验收等环节。因此，对上述全过程的质量管理形成园林工程项目质量全面监督的主要内容。

质量验收是质量管理的重要环节，搞好质量验收能确保工程质量，达到用较经济的手段创造出相对最佳的园林艺术作品的目的。因此，重视质量验收和检验，树立质量意识，是园林工作者必须有的观念。

6. 贯彻预防为主的方针

园林工程质量要做到积极防治，不能有了问题才开始控制，预防为主就是加强对影响质量因素的控制，对投入的人工、机械、材料质量的控制，并做好质量的事前、事中控制，从对材料质量的检查转向对施工工序质量的检查，对中间过程施工质量的检查。

（四）推行园林工程项目监理制

监理是指具有相关资质的监理单位受甲方的委托，依据国家批准的工程项目建设文件、有关工程建设的法律、法规和工程建设监理合同及其他工程建设合同，代表甲方对乙方的工程建设实施监控的一种专业化服务活动。

建设工程监理单位受建设单位委托，根据法律法规、工程建设标准、勘察设计文件及合同，在施工阶段对建设工程质量、造价、进度进行控制，对合同、信息进行管理，对工程建设相关方的关系进行协调，并履行建设工程安全生产管理法定职责的服务活动。

（五）完善园林工程竣工验收前的资料整理工作

工程竣工验收后的资料整理对于园林工程质量管理也起着至关重要的作用，完善的工程资料是工程结算、施工总结与评价的来源和依据，对促进企业进行技术交流，今后改进工程质量，不断提高企业技术水平都具有重要意义。

开展园林工程竣工验收是园林建设过程中的一个重要阶段，对考核园林建设成果、设计检验和工程质量具有重要意义，也是园林建设开始对外开放及使用的标志。因此，竣工验收也对项目尽快投产、发挥经济效益、开展工程建设的经验总结具有很重要的意义。

在实施验收时，验收人员应对竣工验收技术资料及工程实物进行验收检查，可邀请监理单位、设计单位、质量监督人员参加，在全面听取参会人员意见、认真分析研究的基础上，达成竣工验收的统一结论意见，若验收通过，则需要及时办理竣工验收证书。

参考文献

[1] 黄维.在美学上凸显特色园林景观设计与意境赏析 [M].长春:东北师范大学出版社,2019.

[2] 李琰.园林景观设计摭谈:从概念到形式的艺术 [M].北京:新华出版社,2019.

[3] 朱宇林,梁芳,乔清华.现代园林景观设计现状与未来发展趋势 [M].长春:东北师范大学出版社,2019.

[4] 肖国栋,刘婷,王翠.园林建筑与景观设计 [M].长春:吉林美术出版社,2019.

[5] 彭丽.现代园林景观的规划与设计研究 [M].长春:吉林科学技术出版社,2019.

[6] 刘娜.传统园林对现代景观设计的影响 [M].北京:北京理工大学出版社,2019.

[7] 刘洋,庄倩倩,李本鑫.园林景观设计 [M].北京:化学工业出版社,2019.

[8] 蓝颖,廖小敏.园林景观设计基础 [M].长春:吉林大学出版社,2019.

[9] 康志林.园林景观设计与应用研究 [M].长春:吉林美术出版社,2019.

[10] 张波.基于人性化视角下园林景观设计研究 [M].长春:吉林美术出版社,2019.

[11] 李雯雯.园林建筑与景观设计 [M].北京:中国建材工业出版社,2019.

[12] 祝遵凌.园林植物景观设计 [M].北京:中国林业出版社,2019.

[13] 郑浴,郭蕾,王丽华.园林艺术与景观设计 [M].南京:江苏凤凰美术出版社,2019.

[14] 葛莉.景观设计与园林艺术 [M].延吉:延边大学出版社,2019.

[15] 郭媛媛,邓泰,高贺.园林景观设计 [M].武汉:华中科技大学出版社,2018.

[16] 杨湘涛.园林景观设计视觉元素应用 [M].长春:吉林美术出版社,2018.

[17] 曾筱,李敏娟.园林建筑与景观设计 [M].长春:吉林美术出版社,2018.

[18] 吕敏,丁怡,尹博岩.园林工程与景观设计 [M].天津:天津科学技术出版社,2018.

[19] 周增辉,田怡.园林景观设计 [M].镇江:江苏大学出版社,2017.

[20] 薄楠林,姜丙玉,赵中用.园林景观设计实践 [M].延吉:延边大学出版社,2017.

[21] 徐茜茜,王欣国,孔磊.园林建筑与景观设计 [M].北京:光明日报出版社,2017.

[22] 江芳,郑燕宁.园林景观规划设计 [M].北京:北京理工大学出版社,2017.

[23] 黄铮.园林景观设计 [M].哈尔滨:东北林业大学出版社,2017.

[24] 操英南,项玉红,徐一斐.园林工程施工管理 [M].北京:中国林业出版社,2019.

[25] 徐旭东.园林工程施工技术及管理研究 [M].咸阳:西北农林科技大学出版

社,2019.

　　[26] 刘鑫军, 魏洪杰. 园林工程施工组织与管理研究 [M]. 长春: 吉林出版集团股份有限公司,2019.

　　[27] 陈文婧. 园林工程施工组织与管理 [M]. 哈尔滨: 哈尔滨工业大学出版社,2018.

　　[28] 吕敏, 丁怡, 尹博岩. 园林工程与景观设计 [M]. 天津: 天津科学技术出版社,2018.

　　[29] 王萍, 罗永华, 胡旭. 园林工程施工组织与管理 [M]. 南京: 东南大学出版社,2017.

　　[30] 汪源. 园林工程施工组织与管理（第 2 版）[M]. 北京: 中国劳动社会保障出版社,2017.

　　[31] 宁平. 园林工程施工现场管理从入门到精通 [M]. 北京: 化学工业出版社,2017.